低い月、高い月

月の文学、物理の月

Tsugawa Hiroyuki
津川廣行

藤原書店

はじめに

月に興味をもつようになったのには、きっかけがある。横這いに進む、とでもいうしかないような、低い、低い月を見てしまった、それがきっかけであった。

二十一世紀にはいってから数年しか経っていないころのことである。正確な日付は忘れてしまったが、ある夏、私は夜中に目が覚め、月の「異変」に気がついた。高度が異様に低い。月への関心は、その驚きからはじまった。私事ではあるが、具体的に書かなければ、そのときの驚きはわかってもらえないだろう。

私は大阪を生活の場としている。その大阪から青森へ帰省した晩のことであった。空港からタクシー、実家へ着いたのが夕方六時ごろ、そのまま食卓につき、ホヤという東北の夏の珍味にさそわれ、飲んで、疲れもあり、八時ごろであろうか、二階へあがって寝てしまった。

一寝入りしたのち、目が覚めた。満月とおぼしき、まんまるい月が出ていた。だが、その低さが気になった。もう少し、高くてもいいはずではないか。

私は寝床でこんなことを考えた。二階にあがって寝たのは八時ごろである。一眠りしてのちの目覚めだから、夜も更けているはずである。一時ごろではないかという気がするけれども、自信はない。折しも、まるい月が出ている。その月の様子で、だいたいの時刻がわかるのではないか……。

だが、深夜の満月にしては、低すぎる、と疑った。月は、斜め向かいの家の屋根の上からかろうじて浮かび出たばかりである。月はいまほぼ南東にあり、これから南へ移動するにつれて高くなっていくだろうと思った。

だとすれば変だ、と私は首をひねった。満月が南東にいたるのは九時か十時ごろである（とそのときは思った）。だとすれば、飲んで八時に寝て、一時間か二時間後に目が覚めたことになる。酔ってからこんなにすぐ目が覚めることは、めったにない。

正確な時刻をしりたかった。残念ながら、時計がない。腕時計は、一階に置いたままである。実家とはいえ、夜中、それを取りに下へ降りていくのも気がひける。

網戸ごしに外から見えてしまうことをおそれて、電気をつけるわけにもいかない。やむなく、ただただボーッと満月を眺めていた。東北には東北の夏がある。黄色く、そしてまた湿り気を帯びた感じのその満月が、青森の短い夏の盛りにふさわしい。

ところが、私は、時刻をしる仕方を思いついた。ラジオである。そばには、昔から愛用していたラジカセがあった。コードを差しこむと、突然、ＮＨＫの放送が流れた。以前そのような状態で抜いたのが、そのままのチャンネルと音量で鳴った。番組の内容からすれば、まだ十二時を回っていない。

　ラジオの音に、妻が身動きをする。伴侶が目覚めたのを幸い、私は、「なんだが、つぎ、おがし。ばがだけに、ひぐい」（なんだか月が変だ、ものすごく低い）と声をかける。家内は、ただ眠そうに「うん、うん」というばかりである。

　そうこうしているうちに、ラジオは時報を打ち、「午前零時のニュース」がはじまる。とすれば、私が最初に月の異変に気がついたのは、十一時半すぎだったことになる。

　今夜の満月は何かの加減で出が遅いのであって、これから高く昇るのであろう、ということにしておく。うとうとするのと、目が覚めるのとを繰り返す。

　二時ごろまで、三、四回、起きたり寝たりしているうちに、月は昇っていくどころか、低いまま、横に這っているようである。しまいには、微妙に高度を下げ、沈む気配を示しはじめる。

　月のことが、気になり、眠ることができない。月に異変がおきたのであろうか。いや、月の軌道が急遽なにかによって変更される、ということはありえないだろう。変になったとすれば、自分の頭のほうにちがいない。

　私は、だますために作られた宇宙のセットのなかにいるのではないか。何もかもが現実と同じだが、月の軌道だけが異なるセットのなかに。そんな、ばかな。こんなことを考えること自体、頭が変になっている証拠だ……。

　私は青森の夏で見たその夜の、満月の低さにショックを受けた。これが、月に興味をもつきっかけとなった。

結局、その夜の月が極端に低かったのには、三つの原因が考えられる。

一、夏の満月は低い。

二、緯度が高いと月は低くなる。大阪の月に慣れてしまっていたため、生地とはいえ青森の月の低さを忘れてしまっていた。

三、月は一八・六年周期で極端に低くなる。その夏は、夏の満月がとりわけ低くなる時期に相当していた。

この三つの原因が、その夜たまたま重なり、一つとなった（仮にもし以上の三点が理解できなかったとしても本書を読めばわかるようになるはずである）。

そのとき、たまたま低い月を見なかったら、月を面白いと思わなかっただろう。また、本書もなかったであろう。それからというもの、大阪にもどってからも、私は、月のことを忘れなかった。

ただ、当時は月どころではなかった。私の専門は、月とは直接関係のないフランス文学である。ただし、私は物理学科の学生であったことがある。途中で投げだしてしまった物理学の下地が、それでも、今回、けっこう役立ったかもしれない。

月のことは定年後にとっておく、ということにした。きっかけから、本書の執筆まで、多くの時間が流れた。私はそのあいだ、思想として、進化論と複雑系的科学の洗礼を受けた。その影響が、私に、言語と文化を、物質のうえに咲いた花とみる視点をあたえた。

もちろん、「月」もまた、一方では言語と文化のなかの一単語であり、他方では物質である。物質と言語ということなら、月でなくてもよいということはいえるだろう。ただ、月には、いつの時代でも誰もが知っているという利点がある。パスカルが、『パンセ』で次のようにのべたときも、例としてあげるべきは、月でなくてはならなかった。

ある物事についての真実を知らないとき、人間達の精神を固定させる共通の誤りがあるのはいいことである。たとえば、季節の移ろいや病気の蔓延などを月のせいにするといったふうに。というのも、人間というものの主たる病気は、知ることのできない物事にたいする飽くなき好奇心であり、そして、誤りのうちにあることは、このような無用な好奇心のうちにあることに比べれば、そんなに悪くないからである。(1)

ここで、「共通の誤り」を付託すべき対象の例としては、パスカルにとって、モンブランでも大西洋でも不適格であった。どんなに高い山でも遠くからは見えないし、どんな大きな海でも陸からは広さがわからない。だが、月であったら、見えない地方はこの地球上にはありえない。こうして、月は、私にとって避けてとおることのできない、かけがえのないテーマとなっていった。

第一章「動く月」は、月の動きの効果、月の遠近感という観点からの文学評論である。第二章「月光の装い」は、月の光の効果という観点からの評論である。第一章は読者の感性を頼みに進められるが、第二章からは、さらに、月の観察、考察、そしてパソコンソフトによるシミュレートがはいりこんでくる。第三章「芭蕉の月、蕪村の月」は月論的立場からの、俳諧の二巨匠の句についての評論である。第四章「低い月、高い月」の前半は、月のコースの高い、低いについての考察と評論である。章の後半では、月の高低をも含めて、第一章、第二章、第三章で説明しきれなかった月の動きについて、まとめて詳説してある。

本書は、構想段階において、また、執筆にあたって、安東次男編『日本の名随筆58 月(2)』から多大なる恩恵を受けた。この随筆集がなければ読む機会がなかったであろうと思われる月の文が幾つもある。そういった文についても、できるかぎり、原典に直接あたるように心がけた。引用に際しては、原典を主とし、参考のために随筆集『月』の頁も書き添えることにした。原典が、旧仮名遣いである場合には、それを尊重した。漢字の旧字体は、市販のワープロソフトを使って表現可能な範囲にすぎないが、再現するように努めた。

数値・時刻等の表記の仕方

方針として、本文では、簡単な計算は別として、数式は使用しないようにした。論の背景に、その考え方がある場合も、式は注にまわすことにした。数値（計測や計算結果としてあたえられる値）もできるかぎり出さないように努めたが、顕在化していないところにそれが潜んでいることもある。たとえば、「朔望月」（月の満ち欠けの周期の平均日数）は、現在、29.530589日という数値と同等である。

本書の縦書きの文中で数字だけ横書きであるのは見苦しいため、たとえばいまの数値は「二九・五三〇五八九日」のように書かれる。日付は、数値でないという考えから、「二十九日」のように表記される。それが日数であるなら、小数点以下をともなわない数値として「二九日」となる。同様の考え方から、月名も、「一一月」でなく「十一月」とした。

数値としての時刻、天文シミュレーションソフトが示す分単位の時刻や時間の長さについては、たとえば一〇時五二分や二〇・五秒のように、「〇」をもちいる系統の漢数字で表記した。その他の時刻、計測によらない概念ないし呼称としての時刻や「半」をともなう大雑把な時刻また時計の文字盤の読み方については、「十」使用の系統の表記を採用した。「十時」と「一〇時」、「十二時」と「一二時（間）」などは、混用ではなく並用であり、以上の観点から使い分けられていることを記しておきたい。

（1）パスカル『パンセ』、ブランシュヴィック版一八、拙訳。
（2）安東次男編『日本の名随筆58　月』、作品社、一九八七年。

低い月、高い月

目次

第四章　低い月、高い月

低い月、高い月

——月の文学、物理の月

装幀――――――毛利一枝
カバー・カット「蟻」・写真（表1・表4）

第一章　動く月

一　月は動いているか

同じ速度で同じ方向に動き続けている（等速直線運動をしている）物体は、動いていても、止まっているように感じられることがある。たとえば、飛行機で安定状態に達したとき、自分も、座席も、機体も、すべてが動いていないような錯覚に陥ることがある。運動とは相対的なものである、と感じさせられる瞬間である。本節では、運動という観点から、二、三の俳句を読みなおしてみたい。

止まっている月

筆者は、娘が、幼かったとき、こういったのを覚えている。「お月様も一緒に散歩してる！」と。父と散車――筆者は自転車での散歩を「散車」と称している――をしていたときのことである。娘は、自転車のハンドルに引っかけた、子供用の小さな赤い椅子に乗せられていた。その特等席から見る物はみな後ろへと流れ去っていくのに、夕月だけは、同じ方向、同じ位置に止まって、見えつづけているのを、子供ながらに面白いと思い、「お月様も一緒に」進んでいるように感じたのであろう。

観察者が移動するとき、見える角度の変化は、近くにある対象ほど大きく、遠くのものほど小さい。一〇メートルや一〇〇メートルほど歩いたぐらいでは、遠くにある山は動かないし、ましてや月は、自転車が進んでも、同じ角度にあり続ける。月からの光は、厳密には放射状でも、地上の生活者にとっては、平行光線に近い。均一な光を発する物体として、月は、移動する者にも、同じ方向に同じように見え、止まっているとも、ついてくるとも感じられる。「あてもなくあるけば月がついてくる」山頭火。

おそらくこれと同じ発想を含むと解釈できる句がある。


故里を発《た》つ汽車に在り盆の月　　竹下しづの女

作者は車窓から外の景色を眺めている。故郷の川や橋や田畑は遠ざかっていくのに、月だけは、名残惜しいとでもいうようについてくる。汽車は走り、風景は流れていくのに、月だけは静止している。月が定点であるならば、動いている自分もまた止まっているはずなのだが、自分は動いているわけだから、月もまた走っている。句は、このような奇妙な錯覚、運動感覚のうえに成立しているといえる。

高濱虚子の月

あの有名な句も、乗客であるという点で——今度は船である——、事情は似通っている。高校だったか中学だったかの国語の教科書に、この句がのっていた。

ふるさとの月の港をよぎるのみ　　高濱虚子

教科書で見て以来、ながいあいだこの句を誤解し続けていたことを、赤面しながら、思い出す。あまりにもばかばかしいので、告白しよう。

若いころの筆者が思い描いたのはこういう情景である。帰省したおり、友人か誰かを訪問する。遅くなったその帰り、港をとおらなくてはならなかった。夜も更けていることとて、港には、人気がない。月が差している、侘しいその港をとぼとぼと歩いて生家へ戻る。これが、筆者にとっての「月の港をよぎる」であった。

たしかに、句には「よぎる」の主語が書かれていない。その主体を、船ではなく、港を歩いている作者自身ととってしまった。人が港をよぎるという解釈だと、最後の「のみ」がわからなくなる。だが、それまでいろいろなことがあったにせよ、いまはただ、月に照らされた港を黙ってただ一人とぼとぼと無心に歩いている、そういう意味での「のみ」だ、と思いこもうとした。

俳句は、俳人自身が想定した状況とは別個の、複数の（ひょっとして無限の）解釈を許す、ということを忘れてはならないだろう。だが、さすがに、この「のみ」の取り方は乱暴であろう。俳句とは、恐ろしいものである。

月の港をよぎる旅

この句には、版により、五つの異同がある。その異同は、「ふるさとの・故郷の　月の港をよぎる・過ぎる・過る　のみ」のように、漢字表記かひらがなか、また、かなの送り方の組み合わせによる。初出『ホトトギス』昭和三年十二月号では、当たってみると、「ふるさとの月の港をよぎるのみ」である。[1]

ところで、『高濱虚子全集第六巻』の「年譜」によれば、氏は、初出の年、昭和三（一九二八）年、東京から九州方面へ、俳句大会出席と講演のための旅に出ている。

九月二十九日發、十月七日福岡に於て開催の第二回關西俳句大會に列席す。其の途、三河、瀬田、京都、宇野（講演）、讃岐、高松、別府、博多、熊本を訪ひ、それよりはじめて鹿兒島、櫻島に遊ぶ。歸途、小倉、門司、廣島（講演）、京都、大阪、神戸等を過ぎ十月二十四日歸東。[2]

この「年譜」の記述は、結局、『ホトトギス』昭和三年十二月号の巻頭を飾っている、虚子自身の、随筆風ないしメモ風の旅日記というべき「福岡、鹿児島まで」[3]の要約となっている。そこで、直接この日付入り紀行文に当たってみると、句が作られたのは、やはり、この旅行の折にであることがわかる。ただ、四国方面にも行っていながら、松山の名がない。故郷の松山へは寄らなかった、ということになる。

紀行文の日付に注目すれば、虚子は、昭和三年十月四日、「夜七時何分かの汽車に乗つて高松着」、そして、「九時出帆の紫丸に搭乗」している。旅行日程にかんしていえば、十月四日の分はこれだけである。十月五日は、いきなり、「一〇時別府港着」ではじまっている。つまり、高松から別府行きの関西汽船紫丸（「むらさき丸」の表記で親しまれている）に乗船したものの、途中の松山については、「ふるさとの月の港をよぎるのみ」である。十月六日は、博多への汽車での移動。十月七日には、「箱崎神宮」（筥崎宮）参詣、「今回の旅行の目的である第二回關西俳句大會に臨む」。「會場は市公會堂」としたあと、「ふるさとの月の港をよぎるのみ」を含む四句が挙げられているところから、句は、その俳句大会で披露されたものと推察される。

虚子は松山に寄港したか？

十月四日から五日にかけての夜に話を戻せば、ちょっとした疑問が浮かんでくる。その紫丸は、松山に寄港することなく、沖を通過したのであろうか、それとも、松山に着岸しはしたが、虚子は下船しなかったということなのであろうか。関西汽船には、松山に寄る便と通過する便があったようで、航路からだけでは、判断がつかない。

稲畑汀子は、この句の論評で、松山寄港を前提とし、「今、故郷の港に寄港しながら、下船することなく去って行かなければならない虚子の胸中には万感の思いが去来したことであろう」と、祖父の心中を察している。「望郷の念」「上陸せずに去る無念」に加えて、「故郷の美しさを再発見した喜び」にも言及し、汀子は、「それらの入り交じったものが万感の思いであろう」とする。この最後の「故郷の美しさを再発見した喜び」であるが、これは、「はなやぎて月の面にかゝる雲」（この句はさきほどの『ホトトギス』昭和三年十二月号で「月の港」と並べられていることから同じときに作られたとみなされている）との関連でのべられている。「月光に照らされたなつかしい山河を目のあたりにして」得られた「ふるさとの月の港」の「深い満足感」、その「喜び」が、「はなやぎ」の句にも及んでいる、とされている。[4]

いずれにしても、ポイントは、松山の地には降り立たなかった、ということであろう。ちなみに、「よぎる」には、「前を通りすぎる。通過する。通りこす」の意のほか、「通りすがりに立ち寄る」の意もある（『日本国語大辞典 第二版』）。語のレベルからも判断がつかない。松山では、船がそもそも着岸しなかったことになるのか、それとも、寄港したのに、その機会をとらええなかったと読めるものなのか。虚子自身、この曖昧さが気になったのであろうか。表記が「過ぎる」（「よぎる」とも「すぎる」とも読める）だの、「過る」（この場合は「よぎ」のルビが振られている）だの、たんにひらがなで「よぎる」だのと定まらないのは、最適な表現を模索してのことかもしれない。

定点としての月

作者は、船のデッキから、故郷の港の明かりと月と、月に照らされた海面を見ている。船が進んでいるかぎり、厳密にいって、動かない点は一つもない。船の移動につれて、定点であるべき陸の明かりもゆっくりとなめらかに変化していくであろう。船が直進しているかぎり、月は、静止していてもおかしくないのだが、波が皆無でないかぎり、上へ下へと揺れていることであろう。

ただ、われわれには、そういった視覚上の揺れを補正する能力があるはずである。揺れているのは見ているほうであり、月は上下しているようでも実は静止している、と。その意味で、月は、心理的には、唯一の定点であり、夜の航海の目印である。

松山の明かりも、動いてはいるが補正可能であるとすれば、定点として機能したかもしれない。ただ、視界にはいっているうちは、である。月のほうは、船が進んでも照り続ける。

虚子の月は、定点でありえたかもしれないふるさとを、小さくする。それが「のみ」の効果である。これにたいして、しづの女の月は、出発前にふるさとでも見た月であり、離れてもついてくる、そういう意味で、「故里」を保持している。

動いている月

今度は、反対に、動いているとされる月をとりあげてみよう。

やうやくに月のあゆみの迅さかな　　軽部烏頭子

作者は、長いあいだ月を見ていた。しかも、ある一箇所に居座っていた、少なくとも、家の敷地内というような、狭い一定の範囲内にとどまっていた。そうでないと、「月のあゆみ」の速さは感知できなかったであろうし、ましてや、その速さの（感覚上の）変化にも気づくことができなかったであろう。この句は、月の動きについてのべているようだが、その実、月の動きをとらえる定点としての観察者の位置、ゆっくりと流れる時間、時間をかけて見ている落ちついた雰囲気、作者の月への関心、その注意力の変化、要するに、観察者の状態をも含めた、月を見る環境について語っているように思われる。

作者は、月の出を、おそらくいまかいまかと待っていた。その期待感が人間的時間を濃密にする。スローモーションビデオでも見ているようなゆっくりとした月の動き。だが、慣れてくると、注意力も散漫となり、月の動くスピードは速いと感じられるようになる。「やうやくに」とはそういうことであろう。

月の、見える動き・見えない動き

細かなことは切り捨て、大胆にいってしまおう。月の動きは、動いている人には見えない、と。静止している人でなければ、月の動きを見ることができない、と。反対に、月は、動いている人には止まっているように見える、と。

なるほど、一箇所にとどまっている者にも、月が静止していると感じられる瞬間はある。ただ、そのとき、停止しているのは、月だけでなく、隣家の立木も、ビルの屋上のクーリングタワーも、山もである。このとき、月も、地上の近景も、中景も遠景も、すべては、動かない風景画となる。月は静止しているが、その静止は特権的でない。月の静止が特別なものとなるためには、見る人は、動いていなくてはならない。

月は、動いている人には止まっているように、止まっている人には動いているように感じられる。この大胆な結論を、さらにもっと圧縮すれば、月を定点とみなすか、観察者を定点とするかの二択、ということになるだろう。通常の月見ではこの二択ですむはずであるが、それ以外の第三の要素を定点であると仮定しなければならない場合も、稀ながらある。

月はやしこずゑは雨を持ながら　　芭蕉

この場合の定点は、句には明示的にあらわれていないが、雲である。行雲流水というように、雲も水も大地を基準とすれば彷徨っているようにみえる。だが、その行雲を基準とすれば、月こそは動いていると感じられるであろう。月と雲とを見比べている作者は、平衡感覚を失い、眩暈のようなものを覚えているにちがいない。雨でさっきまで濡れていた槇の梢も、月と雲のどちらと競走したらよいのか、迷っているかのようである。

大地を基準にとれば、山は微動だにしない。だが、運動は相対的である。滑らかに運動する物体については、動くものも静止している、静止しているものも動いているとするような座標を選ぶことが可能である。このような物理学の初歩を、芭蕉もまた垣間見ていたのであろう。

本節での結論を、与謝蕪村の次の句に適用することもできよう。

月天心貧しき町を通りけり

ここには、動く人と動かない月とのコントラストがある。歩いているのであるから、「貧しき町」は、歩みにつれて眺めを変じ、後ろへと流れていく。月だけは動かない。作者のほうは移動しているのに、いや、移動しているからこそ月は動かない。だが、この句については、月の高さという観点から、第四章第二節の〈月天心とは〉で検討することにしよう。

(1) 初出は、『ホトトギス』昭和三年十二月號、發行兼編輯人高濱清、七頁。異文については、高濱虛子『定本 高濱虛子全集 第一巻』、毎日新聞社、一九七四年、七二頁の脚注を参照した。
(2) 高濱虛子『高濱虛子全集 第六巻』、改造社、一九三五年、五五一頁。
(3) 『ホトトギス』、前掲誌、一〜二四頁。
(4) 稲畑汀子「虛子百句 [33]」、『俳句研究』二〇〇〇年九月号、富士見書房、六〇〜六一頁。

二　月の光は目に見えるか

観察者の目に飛びこんでくる光だけが目に見えるのであって、眼球にはいらない光線は見えない。当たり前である。ところが、われわれは、この鉄則を忘れてしまう、ということもあるようである。本節では、目にはいらない光線は見えないという原則にもとづき、〈月の光は目に見えるか〉について考えてみる。

横切る光は目に見えない

この原則から、前を横切るだけの光線は見えない、という系が導きだされる。目の前を横切るだけの光は、眼球にはいることがないからである。

その一例が、夜の太陽光である。夜も更けると、空は真っ暗になり、月が出ていないとすれば、星だけが輝く。だが、その暗いとしか思われない宇宙空間、大気圏の外、相当に高いところを、昼だったら燦々と降り注ぐはずのあの強烈な太陽光が、夜も、同じように通過し続けている。だが、それが、目に見えていない。

光が進む筋そのものは見えない、といってもよいだろう。仮にもし、他人の目に飛びこんでいく光の筋まで見えたとしたら邪魔であろう。何百人も収容する劇場で、みなが舞台を注視しているとしよう。その視線の筋が全部見えてしまったとしたら邪魔で仕方がないであろう（反対に覗き見されているときその筋が死角からでも確認できたら便利であろうけれども）。

ただし、光の通り道に多数の微粒子が散在する場合は、その筋が見えることもある。通り道に、光を受け、その輝きを散乱させる微粒子が多数あれば、それが筋となって見える。これは、発見者の名にちなんでチンダル現象と呼ばれる。だが、光を散乱させる何らかの物質が浮遊していないとき、目の前を横切るだけの光線は、われわれの目にはいることなく素通りしてしまう。

川端茅舎の月

次の句は、この原則に反するものである。

ひら〳〵と月光降りぬ貝割菜　川端茅舎[1]

月が貝割菜畑を照らしている。光は、作者の眼前を通過し、近くの畑に落ちる。作者の手前を横切っているだけだから、光の筋が見えるはずはない。だが、作者はそれが「ひら〳〵と」しているという。月光の通り道に、靄《もや》や塵が浮遊しているというわけでもあるまいに（空気が汚染しているのだとすれば詩趣が台無しになってしまう）。

明言しておきたいのだが、本書の目的は、俳人・詩人の、ときとしてみられる物理的原則からの逸脱をあげつらう、ということにあるのではない。むしろ、彼らの感覚を貴重であるとして、その由来をたずねる、これが本書での方針、本節での論法である。

中学か高校の国語の教科書に、この句が載っていた。感想の宿題が出た。生徒の私は、感性が試されているときとばかり、恥ずかしながら想像をふくらませた。

提出した宿題は残っていないが、再構成すればほぼこういうことになるだろう。作者は貝割れ畑のそばに立っている。柔らかなたくさんの双葉が地上へ顔を出しており、その菜を、月の光が、惜しみもなく照らしている。空からひらひらと下りてくる月光、その光の筋のくねくねした感じは、貝割菜の、小さな蝶さながらひらひらと飛び出しそうなさまと相俟って、幻想的である。

幻想をつくりあげることに誇りを覚えながらも、書きながら、調子に乗っている自分に、とまどいのようなものを感じていた。月の光が、天女の衣のようにひらひらと舞いながら降りてくるなど、おとぎ話の世界でしかありえないことだと思っていたのであろう。

月の光がゆっくりと目の前を下りてくるというのは、茅舎特有の固定的イメージであるようである。類想句がある。

よよよよと月の光は机下に来ぬ

この句の面白さは「よよよよと」という、「よ」が繰り返される、副詞の使い方にあることを認めよう。「よよ」は、『日本国語大辞典第二版』の釈義をまとめれば、声をあげて泣くさま、涎・水のたれるさま、酒をぐいぐいと飲むさま、のことである。月は泣き叫びもしないし酒を飲みもしないと考えれば、よよとは、月の光が滴ってくるさまということになるだろう。よよよよと重ねられるとき、「よ」は、「そよそよ」の心地よさ、「なよなよ」の弱々しさ・しなやかさ、「くよくよ」の停滞・消極性などの響きを帯びていると思われる。

目の前の光線は横切るだけのとき目に見えないというあの原則に合致しない点では、この句も同様である。「机下に来ぬ」というとおり、観察者はうつむいており、月を仰いではいない。月光は、作者の目に直接飛びこむことなく、机のあたり、たとえば机の下の畳の縁と月を結ぶ直線上を走っている。

ただし、この「机下」の語は、手紙の添え書きで、あなたの「おてもと」の意で使われることも考えれば、文字面どおり「机の下」であるかどうかは微妙なところである。また、茅舎が、句集『白痴』の「月光採集」四句で、「よよよよと」の隣に「月光は燈下の手くらがりに来し」と「手くらがり青きは月の光ゆゑ[2]」を並べていることにも注目したい（省略するが残る一句も「机下」の句である）。これら連句は、視線の先にあったのは机上に置かれた自分の手であることを思わせる。ただ、机下が実は机上であったとしても、手を眺めているとき、作者の目に月の直接光は飛びこんでいないという論理は成立する（ちなみに「よよよよと月の光は机上に来ぬ」だと字余りになってしまうしKの音の快い連続が妨げられてしまう）。

机の下ないし上の物体はなるほど明るいであろうが、その物体からの光は、月からの直接光ではなく、反射された間接光である。進入光そのものは、目の前を横断しているだけであるから、見えることがない。まさか畳のあたりで舞っている埃が光の筋を見させている――チンダル現象を生じさせているわけでもないだろう。

俳句は詩なのであるから、見えない光線を見えるかのように表現したからといって、「よよよよと月の光は机下に来ぬ」が変であるというつもりはない。これは、俳句なのであるから、それそのもので過不足のない完全な世界を構成しており、反論を受けつけないという意味で、無敵の表現となっている。

ただ、月の光の筋が見えるように思う、川端茅舎の感性がどこからくるのか、またわれわれ読者もその句の感性を受容してしまうのは、どのようにしてなのか、気になるところである。そこには、なにか、これといったメカニズムがあるにちがいない。

月に照らされている二重の目

結論からいってしまえば、それは、茅舎自身と、月に照らされているものとの一体感である。茅舎は、貝割菜もまた彼自身と同じように照らされている、いやそれどころか、同じように月を見ている、とさえ感じている。彼は、一方では畑の脇に立っている俳人として、他方では畑のなかに生えている貝割菜として月光を浴びている。視点のこの二重化によって、俳人は、貝割菜が受けている光のシャワーを、直接に受け、また、横から見ている、という感じをもつことができている。

草には目がない。だがそれでもかまわない。草を眺めている人は、その草に代わって月を見ている。いわば二箇所で月見をしているかのようである。自分の目と、草の目とで。

作者は、月と自分と貝割菜とのあいだにアプリオリなコミュニケーションが成立していると思っている。関係性へのこのような信頼があればこそ、作者は、貝割菜へと降り注ぐ光の筋をつかみとり、享受することができている。

見えないものを見ている、このような感性を、詩的と呼ぶことはできよう。黙契を感知しているこのインスピレーションには、さらに、月に照らされた万物への汎神論的な愛着を読みとることができる。

月下での擬似的な移動

均一な月の光は、見る者の目を二重化する。だとすれば、月下で観察する者は、見ている対象の傍らへと擬似的に移動してもいる、ということができるであろう。

その錯覚は、前節〈月は動いているか〉での現象を、いわば裏返しにしたものである。つまり、こうである。前節では、人が移動しても、月だけは止まっているように見える不思議さについてのべた。地上での通常の移動範囲内で月光は平行であり同一であるとするとき、そのように見えるのであった。本節で、観察者は、移動していないが、それでも月の光の均一性と月光を浴びる事物の同一性を信ずることで、擬似的に移動している、ということができる。

川端茅舎にあっても、月は、誰がいつどこで見ても（気象などの条件は別として）同じであるという点で、一つである。ただ、茅舎の場合、白い月光は、はんぺんのようにのっぺりと均一に白いのではなく、極点をめがけて、「ひら〳〵」だとか「よよよよ」といったいわば音なき音をたてながら、降ってくる。

月の光があまねく注がれていることの証明を、この俳人は、任意に選ばれたどの一点にも光が届いていることをもってする。茅舎のこの手法は、たとえば、句集『華厳』で「貝割菜」の句の直前と直後に配された「昭和八年」の句にも顕著である。「蠅一つ良夜の硯舐ぶり居り」

では、中秋の夜の月光が、硯《すずり》のなかの一匹の蠅に集中している。「雲割れて朴の冬芽に日をこぼす」では、冬日が朴《ほお》の芽に集まっている。(3)

茅舎は、見た対象へと擬似的に移動する。だが、その移動範囲はかぎられていた。茅舎は、貝割菜畑や机の下へと移動し、菜っ葉や畳の縁になり変わる。その移動距離は、目にはいる範囲にとどまっているであろう。

だが、空を見上げれば、月光という杖は、山を越え、谷を渡り、見えない国まで四散しているように感じられるかもしれない。幾山川を飛び越えうるものだとしたら、近くで、いまここで見えている月の光は、遠方まで飛んでいくとされるとき、どのように届くと感じられるものであるのか、こういった問題意識のもとに、次節では〈月はどうして遠くを思わせるのか〉考えてみることにしよう。

(1) 川端茅舎『川端茅舎全句集』、角川ソフィア文庫、二〇二二年、五一頁。
(2) 同書、九三〜九四頁。
(3) 同書、五一頁。

三　月はどうして遠くを思わせるのか

月には、さまざまな超自然的力が付託されてきた。その一つに、遠くを、遠方にいる人を思わせるという力があるようである。

月の友――松尾芭蕉、白居易、樋口一葉

たとえば、芭蕉は、「川上とこの川下や月の友」と詠んでいる。自分は「この川下」で月を見ているが、友もまた川上で同じ月を見ているだろう、まさしく「月の友」だなあ、というわけである。

白居易は、「三五夜中新月色／二千里外故人心」（さんごやちゅう　しんげつのいろ／にせんりがいこじんのこころ）とする。十五夜、昇ったばかりの月を見ながら、遠く離れた友のことを思っている。友にも、その同じ月を眺めていてほしいと願う。その気持ちは、ひょっとして見ていないのではないかという危惧から読みとることができる。「猶恐清光不同見」（なおおそる　せいこうはおなじくみざるを）[1]。

鏡にたとえることで、樋口一葉もまた、月に不思議な力を託した。鏡の比喩は、「みがき立てたるやうの月」で提示され、引用の最後の部分へと引き継がれていく。

　村雲《むらくも》すこし有るもよし、無きもよし、みがき立てたるやうの月のかげに尺八の音《ね》の聞えたる、上手ならばいとをかしかるべし、三味《さみ》も同じこと、琴は西片町《にしかたまち》あたりの垣根ごしに聞たるが、いと良き月に弾く人のかげも見まほしく、物がたりめきて床《ゆか》しかりし、親しき友に別れたる頃の月いとなぐさめがたうも有るかな、千里《ちさと》のほかまでと思ひやるに添ひても行かれぬものなれば唯うらやましうて、これを假に鏡となしたならば人のかげも映るべしやなど果敢《はか》なき事さへ思ひ出でらる。[2]

一葉は、池がある小庭に佇んでいる。月という鏡の比喩は、池という水鏡へと受け継がれていく（その箇所は引用省略）。なお、「千里のほかまでと思ひやるに添ひても行かれぬ」は、白居易の「二千里の外」を意識したものであろう。

月下での遠くへの思いは、一葉の感性では、近いところからはじまり、遠くへと及んでいく。まずは、その耳に、町の音がはいってくる。「みがき立てたるやうの月のかげに尺八の音の聞えたる、上手ならばいとをかしかるべし」。下手な尺八の吹き手への関心は、今度は、「いと良き月に弾く人のかげも見まほしく」から、琴の名手へと移っていく。そして、思いは別れた親しき友のもとへと飛んでいく。時も「親しき友に別れたる頃」へと遡っていく（過去への遡及については後述）。

近くから遠くへという心の動きは、芭蕉や白居易にも、遠近対比の構図から大きくはみだすものではないが、ないわけではない。「川上とこの川下や月の友」の作者は、川下で一人の月見をしており、そういったときに、思いを遠くにいる川上の友へと移していったはずである。白居易もまた、「三五夜中新月色」を見、そのあと「二千里外故人心」を思っている。連絡手段もかぎられていたとき、近傍の眺めから、見えない遠方の様子を思いなす、というのは自然な心の動きであっただろう。本節では、そのような状況で月が果たした役割について考えてみたい。

月の光の均一性

ちなみに、平地に立ったとき、人の目の高さを一・五メートルとすれば、地球のまるさのため、単純計算では、見える範囲は四三七〇メートル先までである。苧阪《おさか》良二は、『地平の月はなぜ大きいか』で、大気の屈折による「浮き上がり効果」を勘案しても、せいぜい四六〇〇メートルであるとする(3)。

白居易や樋口一葉のいう千里だとか二千里だとかは、遠いということの言語表現にすぎないであろう。ただ、そんなにも離れた人とでも月を介して結ばれるかもしれないという願望は、非現実的ではあっても、次のように考えれば、必ずしも不自然とはいえない。

前節や前々節での、月光の条件を思い出してみよう。前節では、見える範囲にある物は、等しく月に照らされているはずなのであった。前々節では、月は、歩き回っても同じ方向にあるために、動くことなく、同じ一つの月であり続けるように感じられるのであった。ここで仮定されているのは、観察者の近傍での、月の光の均一性ないし平行性である。この仮定は、見渡せるぐらいの範囲でいえば実感に反するものではないだろう。

そこで、月の光の近傍での平行性・均一性からくる、月の同一性という実感を、見えない遠くまで拡張したとしよう。隣村で同じ月を見ているとすれば、さらに遠くの、その隣村の隣村でも同じである……、というふうに。そうすれば、川上の友も二千里先の人も同じ月を見ていることになる。

以上のような帰納法による推論は、もちろん、誤謬の因子をかかえこんでいる。少しぐらい歩いても月は同じ方向にあり、同じ一つの月であり続けるという局所的な実感を、原則となし、川上の月にまで拡張した場合、結果としては、二地点の緯度・経度のちがいにより、月の見える方向に誤差が生ずることになろう。たしかにそうではあるが、ここで注目したいのは、川上まで、千里、二千里先まで行くことができない者の、月のとらえ方である。

平地の人、小林秀雄

以上の論では、見渡すかぎりの、月の光の平行性・均一性を仮定していた。しかも、大地はどこまでも平らであるとみなしていた。だが、地球には凹凸がある。山岳地帯と平坦な地域とでは、月の見え方にちがいがあるかもしれない。小林秀雄の次の話を参考にしてみよう。なお、このエピソードは、批評家自身も、知人から聞いたものだという。

平素、月見などには全く無關心な若い會社員たちが多く、さういふ若い人らしく賑やかに酒盛りが始つたが、話の合ひ間に、誰かが山の方に目を向けると、これに釣られて誰かの目も山の方に向く。月を待つ想ひの誰の心にもあるのが、いはず語らずのうちに通じ合つてゐる。やがて、山の端に月が上ると、一座は、期せずしてお月見の氣分に支配された。暫くの間、誰の目も月に吸寄せられ、誰も月の事しかいはない。

こゝまでは、當り前な話である。ところが、この席に、たまたまスイスから來た客人が幾人かゐた。彼等は驚いたのである。彼等には、一變したと見える一座の雰圍氣が、どうしても理解出來なかつた。そのうちの一人が、今夜の月には何か異變があるのか、と、茫然と月を眺めてゐる隣りの日本人に、怪訝な顏附で質問したといふのだが、その顏附が、いかにも面白かつた、と知人は話した。(4)

小林秀雄は、この話から、「日本人同士でなければ、容易に通じ難い、自然の感じ方のニュアンス」を結論する。ただ、ちがいは、複合的なものであるのかもしれない。本書の観点からすれば、彼我の違いは、月を望む地形に関係がありそうである。

このエピソードで印象的なのは、月というトピックによって引きだされた、「會社員たち」の、言わず語らずのうちに醸しだされた集団的な雰囲気である。「スイスから來た客人」たちがその雰囲気を理解できなかったのは、月の文化がちがうということなのであろうが、ここでは、スイスの険峻な山岳地帯での、月が見える条件について考えてみたい。そこでは、月光の共有が容易でない、ということがわかるであろう。

山岳地帯の月

山のあちこちに散在するスイスの村では、南向きの山腹か北向きの斜面か、また、谷底や峠などといった配置にしたがって、太陽や月の光を享受する環境が異なることは、いうに及ばないだろう。日光についての文ではあるが、コーニッシュ（自身はイギリス人である）の『風景の見方』の冒頭部分を参考にしよう。

グリンデルワルトの村はベルン・アルプスの主要な連峰の山すそ近くにある。朝まだ早いうちは、これらの山々の投げかける影が谷を越えて、この村にまでとどく。一九二五年の七月、私はこのグリンデルワルトに滞在していた。昇ってくる太陽と村との間にはヴェッターホルンの壮大な山塊が立ちはだかっているため、村全体はその影のなかに包みこまれてしまう。夜明けの現象をすこしでもよい条件で観察したいと願って、私はホテルの三階の眺望のきくバルコニーつきの部屋をとった。(5)

このような地形では、日の光や月の光が、どの村にも同じように届くことを期待するわけにいかない。このような国柄では、月をつうじて気心を通じあわせるといった習慣は、育ちにくいであろう。小林秀雄のいう「スイスから来た客人」は、月が満座の共通項になりうるとは思いもよらなかったであろう。

コーニッシュは、場所によって観察条件にちがいがあることを熟知している。同じ一つのホテルにいてさえ、高い階を選んでいる。

ホテルの上階からは、月に照らされている明るい村と、そうでない暗い村とを見分けることができたであろう。つまり、見渡しているのは、月の照射の、見え方の不均一性である、といってもいいだろう。すなわち、明るい村からは月が見えているであろうが、暗い村では見えていないであろう、という月の見え方の不均一性を、一望のもとに、ホテルから観察することができている。

このような地形では、村で月が出ていれば、隣村も明るいだろう、そのまた隣村でも月が見られるだろうという平地での推論はなりたたなくなる。たいして、小林秀雄は、その酒宴の会場を、平坦なところにおいている。「やがて、山の端に月が上ると、一座は、期せずしてお月見の氣分に支配された」という。山の端という語で、期せずして、地形の平坦性が描きだされている。「やまのは」とは、「山を遠くからながめたとき、山の空に接する部分」（『日本国語大辞典第二版』）のことであり、端山ないし里山の手前にある平地が前提とされている。

月と山の端は、日本語として、常套的な組み合わせである。山国であるとはいっても、稲作のための水平な水面を求めてきた日本語話者にとって、これは馴染みの風景である、といってもいいだろう。ただ、この地理的条件が、万国共通のものでないことは、スイスでの例が語るとおりである。こうなると、月光の均一性は、なだらかな国ではいえるが起伏の多い土地ではいえないことになる。ちなみに、白居易が多感な時代を過ごした江蘇省は平坦であり、宮仕えをした長安は高地ではあるが険峻でない。

與謝野晶子の月

しばらく、平坦地という条件でいこう。そこに、月の光のもと、遠方の友を思うといった感覚の人達がいたとしよう。そのような人達は、一つ座の月見の人にたいしては、なおさら、親近感をいだくはずである。「平素、月見などには全く無關心な若い會社員たち」でさえ互いにそうであった。

では、月見に関心がないわけはない、與謝野晶子はどうであろうか。「清水へ祇園をよぎる櫻月夜こよひ逢ふ人みなうつくしき」と、独身時代に『みだれ髪』で詠んだ晶子は、いまや鉄幹を夫としている。高島屋の依頼で織物の批評をしたときのことである。会も終わり、一行は、用意された船で、向島から帰る途中である。

〔…〕氣が附くと月が高く昇つて川を照してゐる。宵に見た船の行き交ひも絶えて、對岸は光を帯びた霧にぼかされてゐる。歸路のために準備された發動機の遊船が迎へに來たので「八百松」と朱で書いた大きな名物の提灯と主婦や仲居達に見送られて、裏口から其れに乗つた。「江戸とまでは遡らずとも正に明治廿五六年頃の情景である」と良人が云ふ。批評會でお饒舌《しゃべり》した一行も、夜の更けた上に此の世間ばなれのした河上の月光の下で誰も皆おとなしい。数人の藝妓達も皆上品にしてゐる。(6)

船上のお喋りは、そのあとまた、再開される。だが、少なくとも、月下で訪れた暫時の沈黙は、自ら浸るだけでなく、相方が月を見る興を邪魔しないための間合いでもあったろうが、それ以上に、月を見たための余韻であろう。遠くの友とさえ交信可能なのであれば、一行が、暫時、近くの人と無言の会話を楽しむにいたったとしても不思議ではない。

井伏鱒二の月

さて、ここにいたってはじめて、鱒二の、魅力的ではあるが、その奇妙さゆえに引用を差し控えてきた月見の詩を取りあげることができる。小説家井伏は詩も書いており、その一編が、安東次男編の随筆集『月』の冒頭で、エピグラフとしては少々長いが、引用されている。

逸題

今宵は仲秋名月
初戀を偲ぶ夜
われら萬障くりあはせ
よしの屋で獨り酒をのむ

春さん蛸のぶつ切りをくれえ
それも鹽でくれえ
酒はあついのがよい
それから枝豆を一皿

ああ　蛸のぶつ切りは臍みたいだ
われら先づ腰かけに坐りなほし
静かに酒をつぐ
枝豆から湯氣が立つ

今宵は仲秋名月
初戀を偲ぶ夜
われら萬障くりあはせ
よしの屋で獨り酒をのむ

（新橋よしの屋にて）(7)

仲間で集まって、しかも、一人で酒を飲むとは奇妙である。十五夜のお月さんがそうさせているのにちがいない。月の光は皆を均一に照らすという感覚があるとすれば、月を一人で眺めるのも皆で月見をするのも同じであるとする瞬間がありうるだろう。月下では、「白玉の歯にしみとほるあきのよの酒はしづかに飲むべかりけり」といった若山牧水の「獨り酒」を、皆して飲むこともできよう。

月光が、遠くを見させるのであれば、ましてや、近くを見せないことがあろうか。一人の酒が皆の酒へと拡散していき、また、皆で飲む酒が一人の酒へと帰されていくように、近くへの思いが遠くへ及び、遠くへの思いが近くへと収斂していく。

井伏鱒二は、「蛸のぶつ切りは臍みたいだ」と、奇抜な譬えを持ちだす。月は、臍のようなそのぶつ切りの輪へと、湯氣の立つ枝豆のまるみへと凝縮していく。

均一と感じられる月の光は、遠近の感覚を狂わせるだけではない。その同一性から、現在の月と過去の月を、過去と現在とを共存させる。「逸題」の作者が、名月に「初戀」を思うのは、かつてといまが、重なりはじめたからである。枝豆から立つ「湯氣」の舞いは流動する現在そのものの姿であるが、名月の夜にあっては、その現在は蘇った過去でもある。

月という鏡の作用

月を鏡にたとえるのは一葉だけではないであろうが、光学的には、鏡は、現在しか映しださない（光の伝達時間は無視している）。だが、現に見えている月を「親しき友に別れたる頃の月」とみなすとき、昔の鏡に映るはずなのは、かつて別れたときの友の面影、過去の現在である。と同時に、月はいまも鏡であるから、現在のその人の姿である。

一葉の文で、過去と現在とが微妙に重なりあうのは、このようにしてである。「親しき友に別れたる頃の月いとなぐさめがたうも有るかな」では（当時の）別れの悲しさが、「千里のほかまでと思ひやるに添ひても行かれぬものなれば」では「添ひて」いかれなかった（当時の）悔しさとそこまでいきたいという（現在の）願望とが、「唯うらやましうて」では（「うらやまし」

とは心のうらが病むということであるから現在の）苦しみがのべられており、結局、「これを仮に鏡となしたならば」で映ることが期待されているのは、別れた当時の友の当時のそのままの形であると同時に（想像される）現在の姿である、ということができる。いまも変わらない昔のままの月の感じが、過去と現在の混在を可能にする。

渡辺一夫の月

事が時間的ということになれば、月の同一性を保証するのに、その光の平行性は必要でない。こうなると、遠く離れた地球の裏側でも、月は同じということになる。たとえば、「月三題」の渡辺一夫の場合がそうである。この仏文学者が、留学生としてパリにいたときのことである。ある会合でダンスなどもはじまったとき、渡辺一夫もダンスは苦手だったのではないかと筆者は邪推するのであるが、「僕はいつのまにかバルコンに出て月を眺めていた。ヨーロッパの月のなかにもやはり兎が見えるかな、などとひどく童話的な研究をしていた(8)」。その姿を気にとめ、「ホーム・シック?」と声をかけてきた青年がいる。渡辺は、否定し、青年と月観についての議論をはじめる……。

月の兎の観察といっても、「ひどく童話的な研究」と照れているように、遊び半分にすぎなかったであろう。そもそも、海をわたっても月に変わりはないということは、このエッセーの前提となっている。

このエピソードは、「……パリの上にも同じ月が照っていた」ではじまっている。「月三題」とある、残りの月二つと同じように。この文は、関東大震災の折の月、パリでの月、東京高等学校を辞任するかどうかと一身上の問題で悩んでいたときに見た月が、同じ月であるという構成となっている。

渡辺一夫にとって、現にいま照っている月も、昔の月も、同じ一つの月である。そもそも、このとき、色々なシチュエーションで月を見ていた三人の自分こそが、芭蕉らのいう遠くの友に相当する、ということができる。

渡辺は、「フランス語で古臭いものとか古色蒼然たるものとかいう意味で「古い月」vieille lune《ヴィエイユ・リユーヌ》という成句がある」としたうえで、書く。

〔…〕現在地上に生きている一切の人々はこの古い月の崩壊を見ずして虚無のなかに没入するだろう。その後も月は今と同じく兎の姿をその胸に秘めたまま、皎々と光っているだろう。冷然と、無関心に。

この文の書かれたのは、一九四二年、戦時中である。「現在地上に生きている一切の人々」が「虚無のなかに没入する」という大げさな表現も、戦時中となれば、冗談でないとわかる。こうなると、渡辺が想定している「月の友」とは、現在および未来にあって、月を眺めている人類であり、ひょっとしてまた、人類の滅亡後にも生きつづけているであろう「虚無」そのものであるのかもしれない。人類は絶滅し、月だけが照っているというシナリオは、核問題が再びきなくさくなってきた現今、ますます現実味を帯びてきているように思われる。

月の光の平行性と四散性

本節では、〈月はどうして遠くを思わせるのか〉を、ここまで、月の光の均一性・平行性、ひいては、月の同一性という観点から考えてきた。乱暴にいってしまえば、月はどこで見ても、どこから見ても、いつ見ても、同じである（ここで月は年々少しずつ遠ざかっているという議論はしないでおこう）。時空のなかに遍在したいと願うものは、月のこの同一性に期待をかける。だが、遠くへ行けないことはわかりきっている。月は、願いをかなえてくれるかどうかわからない、冷たい仲介者である。

仲介者であるならば、月は、二人を、三角の格好で結ぶことになるであろう。コンパスを持ちだすならば、その頂点が月であり、二つの足の先端が友人と私である。天空へ伸びた二本の足と、二人を結ぶ見えない地上での線とで、三角形ができあがる。こうなると、月は、現代でいえば通信衛星である。樋口一葉も、鏡にたとえたとき、月を、空に浮かぶ大きな反射体と思いなしたことであろう。

一方には、光の均一性、遍在性によって、観察者の想いを友のもとへと走らせる月がある。

これは、どこまで移動しても同じはずの、平行な月光である。これと矛盾するようであるが、他方には、二人の友から別々に眺められており、それぞれ別の方向へと眺め返している月がある。この月光は、放射状に四散しているはずである。

月から横様に進む光は、前節でのべたことだが、目に見えない。ところが、空を見上げると、月の光が四散していると感じられるときがある。月のまわりに、本体から遠ざかるにつれて明るさが漸次的に弱まっていくヴェール、いわゆる隈がかかることがある。それは、宇宙空間ではなく地球の大気圏での出来事であり、大気中の浮遊物が光る、チンダル現象の効果である。四散しているかのようなこの光の広がりが、月の光の擬似的な放射性を演出している。

彼等は、月下の世界の同一性を保証してくれるかのようなその光の平行性と、幾山川を越えて遠くまで進みゆく月光の四散性のあいだに矛盾を感じなかったのであろうか。いや、そのような疑問さえ生じていなかったことであろう。もし疑問を覚えていたとしたら、あのような詩文の創作を、そして、その公表を差し控えたことであろう。

筆者には、これに関連した、いや、ほとんど同じことといってよい、もう一つの疑問が浮かんでくる。宇宙の構造をしらなかった古人にとって、月は、どのくらい遠いと感じられたのだろうか、という疑問が。

月光の平行性を感じるためには、月をはるか彼方に置かなくてはならない。月光の四散性をいうためには、月を適当な位置まで引き寄せなくてはならない。であるから、月の光は平行であるか、四散しているかという二つの見方は、〈月は遠いか近いか〉ということに対応している。素朴な目に、月は、どのくらいの距離にあると感じられるものなのであろうか。この観点から、節を改めよう。

（1）『白居易 下』高木正一注、岩波文庫、一九五八年（一九九七年）、一四一頁。なお、引用に際し、読み下しはひらがなのみ記した。

（2）樋口一葉『一葉全集 後篇』、博文館、一九一二年（一九一九年）、五五七頁。なお、全集にはある漢字の振り仮名を適宜省略した。安東次男編『日本の名随筆58 月』、作品社、一九八七年、六〇〜六一頁を参照。

（3）苧阪良二『地平の月はなぜ大きいか――心理学的空間論』、講談社、一九八五年、一一〇頁。なお、「浮き上がり効果」については、第三章第四節で詳述。

（4）小林秀雄『小林秀雄全集 第十二巻』、新潮社、二〇〇一年、三六一頁。安東次男（編）、前掲書、七三〜七四頁を参照。

（5）コーニッシュ『風景の見方』東洋恵訳、中央公論社、一九八〇年、一一頁。

（6）與謝野晶子『定本與謝野晶子全集 第二十巻』「月二夜」、講談社、一九八一年、八三頁。安東次男（編）、前掲書、一九〇頁を参照。

（7）井伏鱒二『厄除け詩集』、筑摩書房、一九七七年、一二〜一三頁。安東次男（編）、前掲書、一一〜一二頁を参照。

（8）渡辺一夫『渡辺一夫全集 第一〇巻』「月三題」、筑摩書房、一九七〇年。なお、本節での引用・参照は、安東次男（編）、前掲書、一六五〜一六九頁による。

四　月は遠いか近いか

地球から月までの距離は、平均、約三八万キロメートルである。平均というのも、月までの距離は、三六万キロから四一万キロほどまで変動するからである。この距離を近いとするか遠いとするかは、もちろん、何と比べるかにかかっている。

ここでの関心は、太陽系の構造もその数値もしらなかった人達にとって、肉眼での月が、どのくらいの遠さに、あるいは近さに感じられたか、ということに向けられる。三八万キロというのは相当な距離ではあるが、それでも、月は、星とはちがって、無限遠にあるようには見えなかったのではないか、というのが本節での一応の結論である。

光年という単位をもちいなければならないほどの距離にある恒星は、測りしれないほどの深い無限遠に浮かんでいるように見えるとしても不思議ではない。そんな恒星に比べれば、月は、三八万キロとはいっても、ごく近くにあるともいえる。その近さを、肉眼という手段しかもたなかった人類も、なんとなく感じとっていたのではないか。

神話、民話

少なくとも、神話、民話のレベルでいえば月は何らかの神的な力によって行き来できるくらいのところにある。世界中いたるところに、月へと、自ら行った、あるいは罰として飛ばされた人の話がある。ジュールズ・キャシュフォードの『月の文化史』によれば、ドイツの民話では、安息日である日曜日に薪を切るという仕事をしたため、木こりは、月へと引きあげられ、杖や薪の束をもって月のなかにじっと立ち続けているとされる。同様の話は、また、オランダにも、イングランド、ポーランドにも、ポリネシアにも、アメリカ北西部のハイダ族にもあるという。(1) 石田英一郎は、水汲みを嫌がったために月の世界にひきすえられてしまった怠け者の息子（女と犬のヴァージョンもある）なるアイヌの伝承をはじめ、類似の話をいくつかあげている。(2)『月の文化史』でも、水を汲んでいるところを月へとさらわれたという話がいくつか紹介されている。(3) 中国神話の人物嫦娥《じょうが》は、不死の薬を盗んで飲み、月（広寒宮）に行き、ヒキガエルになったと伝えられる。(4)

以上と共通するものであるが、キャシュフォードによればまた、マオリ族には、大洋神タンガロアの娘であるロナ（石田英一郎によればヒナ）が、水汲みの際、雲に隠れたことで転んだため、月に悪態をついたところ、バケツごと月へとさらわれてしまったという神話があるという。ロナは、月へと、潮を支配する力ももっていってしまった。そのバケツは、潮の満ち干にしたがって揺れるのだという。(5)

このマオリ族の例では、月は、距離感によってだけでなく、引力の作用による、潮の満ち干という現象として生活に密着している。月と潮の関係については、『夏の夜の夢』のシェイクスピアも、「潮の満ち干を司る月の女神も、怒りに顔を曇らせ、大気に湿りを与える、おかげで病人ばかりふえる始末」と書いている。(6)

ここで、『竹取物語』を思い出してみてもよいだろう。使いの人達が、月から、なよ竹のかぐや姫を迎えにくる。「大空より人、雲に乗りて下り來て、土より五尺ばかり上りたる程に、立ち列ねたり」。姫は、思い出にと言葉を書きおいたあと、天の羽衣をはおり、「車に乗りて、百人ばかり天人具して」昇っていく。(7)

視覚的効果

月との行き来をする神話、民話は、その相対的な近さではなく、月の表面に模様があることからくるのではないか、という反論もあることだろう。たしかに、月にかかわる話は、その凸凹に読みとられた神や人や動植物にかかわるものである。結局のところ、模様の観察可能性も、月の距離的近さからくる。

国立天文台の渡部潤一は、月が特別な天体とみなされてきた理由として、以下の三つをあげる。第一に、「月は太陽をのぞけば天空でもっとも明るい天体である」。第二に、「肉眼で楽にその大きさを認識できる天体」である。模様が見えるというのは、この第二の点にかかわる。

第三は、要約すれば、太陽は輝く円盤のまま形を変えないのにたいして、月は、満ち欠けをする、そしてその満ち欠けを繰り返す天体である。(8)

月が、太陽光を反射しているだけなのに明るいのは、近いからであるということになるだろう。宇宙を見渡せばむしろ小さな天体であるのに、月の大きさが、またその模様までが肉眼で認識できるのも、さらには満ち欠けの様子がはっきりと見えるのも、近いからである、ともいえる。

同じ模様がいつも見られるのは、月が、地球にほとんど同じ面を向け続けているからである。これは、月の自転周期と地球にたいする公転周期とが同じであるためにおきる現象である。つまり、地球を一回まわるときに自転もちょうど一回であるから、月は地球に同じ顔を見せ続ける。公転周期と自転周期のこの一致は偶然ではなく、地球と月が及ぼしあってきた引力の、力学的関係の結果である。(9)

小林一茶の月、山崎宗鑑の月

月の近さは、表面の模様が見えるなどの視覚的な効果というより、その模様にまつわる神話や民話にみられるような心理的効果としてあるのではないかという反論もあるであろう。だが、神話も民話もしらないような幼い子供にも、月はけっこう近くに見えているのかもしれない。

あの月をとってくれろと泣子哉　　小林一茶

この句は、むしろ、もう一つのヴァージョン「名月を取ってくれろと泣く子かな」のほうで親しまれている。たとえば、この句は、水原秋櫻子他監修『カラー図説 日本大歳時記 秋』(講談社)でも、角川書店編『圖說 俳句大歳時記 秋』(角川書店)でも、また、高濱虚子編『新歳時記 花鳥諷詠』(三省堂)でも、「月」ではなく、「名月」のほうで載っている。名月には、明月という表記もみられる。ただ、一茶『七番日記』では、掲げたように、「あの月をとってくれろと泣子哉」となっている[10]。

あの月がほしいと、指さし、泣きわめいている子がいる。食べ物か、おもちゃだとでも思ったのであろうか。大人は——つまるところこの句の作者は——、困ったものだと思いながらも、その子供らしい駄々にほほえみを禁じえないでいる。子供は、背の高い大人だったら手を伸ばせるだろうと思い、月をくれとわめいている。せがまれている大人のほうはといえば、月が、山よりも雲よりも高いことをわきまえている。だが、作者も、月を手に入れられたらいいのになあ、と思わないでもない。

子供と大人という二つ視点の対立、そして微妙な重なりは、句がヴァリアントをもつことと対応している。その観点から、二つのヴァージョンを比較してみよう。

あの月をとってくれろ、は子供がのべた言葉そのものであろう。つまり、第一のヴァージョンは、「《あの月をとってくれろ》と泣子哉」である。ここでは、子供の言葉をそのまま伝える、直接話法がもちいられている。

ところが、第二のヴァージョンの「名月を取ってくれろと泣く子かな」には、間接話法がはいりこんでいる。子供のことであるから、「名月」という言葉は使わなかったであろう（さほどの賢い子であったなら取ってくれろなどという理不尽な要求はしなかったはずである）。つまり、子供が「あの月」と指さした天体を、作者が、大人の立場から、「名月」と言い換えている。ここでは、子供の発言内容を、第三者の口から一般の言葉で報告した、間接話法がもちいられている。

いずれにしても、月をとってくれろと泣く子の駄々を、大人は、微笑ましいエピソードとして受けいれる。だが、次の句では、大人自身が月の近さを仮定している。洒落によってではあるが。

月に柄をさしたらばよきうちはかな　　山崎宗鑑[11]

季語は、秋の月のほうでなく、夏の団扇である。名月の冷気を夏へと引き寄せることで、涼みがもたらされる、という趣向のようである。「宗鑑の代表的な発句[12]」といわれるだけあって、この句の突飛な「柄」は、遊びの精神の極致ではある。だが、壮大なこのうちわの柄は、それでも、遠いようで近い近いようで遠い月までの距離感を感覚的に模倣する架橋でもあるだろう。

月が「かかる」

遠いとか近いというのは、そもそも、絶対的な概念ではない。その距離感を、以下、月がかかる、という表現で相対化してみたい。というのも、月が出ていることを、月がかかっている、ということがあるからであり、「かかる」は、月そのものとは別の、何かあるもう一つの対象を要求しているように思われるからである。

動詞「かかる」を、『日本国語大辞典 第二版』は、大きく七つに分類している。その七つのうち、第一項に注目したい。この項はまず次のようにくくられている。「ある場所、ある物、人などについて事物や人が支えとめられる。また、あるものにかぶせる」。この大要のもと、項はさらに九つの小項目へと区分けされている。その九項目全部の釈義を点検してみるに、「かかる」とは、人ないし生物そしてまた物が、ほかの人ないし生物や物に、垂れさがったり覆いかぶさったり、あるいは、これらの対象物によって支えられたりすること、のようである。なお、本節の月に直接かかわるのは、九項目のうちの八番目、「高い所に掲げられる。日や月が空にあることにもいう」である。

用例を調べてみると、「かかる」をめぐる主体（人、生物、物）とその対象（人、生物、物）は、空間的に近いところにある。つまり、一方は他方に接しているか、少なくとも近接している。

この伝でいくと、月がかかるとは、月が何かの近くにあることを含意している。その何かとは、八番目の釈義にあるように「空」である。月が空にかかるという表現は、空と月とが、ほぼ同じ距離にあるという感覚のもとに可能となっている。では、同じくらいの距離と感じられているその月と空は、どのくらい高いのであろうか。

かかるというからには、両方とも、一応、物とみなされうるだろう。ただ、空には厚みや透明性といった性質があるため、事は単純でない。有形の月は、物としての資格を十分もっているにしても、無形の空のほうは、実体というより、地上にはありえないようなたとえようのない《物》であったにちがいない。青や乳白色や群青色や茜色に染まるからといって、布であるというわけにもいかないし、星が透けて見える以上、透明でなければならないし、透明だからといって、引っかかりのない水のようなものだとするわけにもいかないだろう。引っかかるからといって、平らな一枚板を持ちだすわけにもいかない。空には、厚みがあるからである。

チンダル現象が月を引き寄せる

その厚みの上部までが空であるということになるだろう。空にかかるといわれるとき、月はその厚みそのもののなかにかかっている。その月が空全体を明るく照らす。これは、第一章第二節でのべたチンダル現象の一種である。こうして、月は、大気中の粒子による反射で、放射状の筋を、全空へと四方八方に発散させているかのようであるのだが、このとき、その月は、自らが照らしている空の厚みにかかっていると感じられることになる。

月は雲の上にある。だが、雲の層より高いからといって、月が夜空の最上階にあるわけではないだろう。星月夜の空では、月の高さは星に及ばない。

星月夜空の高さよ大きさよ　江左尚白

空は、星の夜に、月夜よりも深く高く大きく感じられることがある。「星月夜」とは、本来、月のない、星だけの夜のことである。星々の弱い光ではチンダル現象は生じないであろう。

昨今、星と月が同時に輝いている夜をもって星月夜とする新しい使い方も広がりつつあることには注意しなければならないかもしれない（言葉はかわっていくものだから誤った語法とは決めつけないでおこう）。これは、糸杉も立っているゴッホの有名な絵、星と月の光のうねりが印象的なあの絵 *La Nuit étoilée*《ラ・ニュイ・エトワレ》（星の出ている夜、一八八九年）が、月も加えて、「星月夜」と訳されてしまったことの罪であろうか。

月が明るい夜には、星の輝きは、空に広がる薄明るいヴェールに遮られてしまう。こうして、実際、月は星より低い、という印象がもたらされる。光がうねっているゴッホの絵では、星も月も、同じ距離にあるようかのように描かれているではないか、だって？　いや、構想段階でのアルルないし制作段階でのサン゠レミの夜では、大気が澄んでおり、チンダル現象は生じていなかったとすればよい（一度アルルを訪れたとき夜の空気が澄んでいたことを思い出す）。星の光も月の光も筒抜けに降り注いでいる、その眩暈のするような透明感が、絵を観る者をも厳粛な狂気へと誘う。

空にかかっている月の不透明感、とりわけ、朧な夜の不透明感が、月を近く、親しく引き寄せる。「菜の花畠に、入日薄れ、見わたす山の端、霞ふかし。春風そよふく、空を見れば、夕月かかりて、におひ淡し」（『朧月夜』高野辰之作詞）の歌詞のとおりである。ちなみに、「見わたす」とは、「こちらからかなたをはるかに見やる」（『日本国語大辞典 第二版』）ことである。低く見わたされた山の端の手前には、「菜の花畠」と「田」（田は歌詞の二番にある）、農耕のための空間が広がっており、前節でのべた、月光の均一性を保証する平坦な地形、地理的環境がここでも整っている。

月だけでなく、太陽もまたかかる、という指摘があるかもしれない。さきほどの辞典の「かかる」の説明にも、「高い所に掲げられる。日や月が空にあることにもいう」とあった。たしかに、夕日が、峰や屋根や鉄塔に「かかる」と表現されることがあるだろう。ただ、このとき、力点がおかれているのは、太陽と地上のメルクマールとの位置関係にである。位置情報をあたえることのないままに、太陽が「かかる」と表現するのは、おそらく、不可である。たんに、太陽がかかっている、とか、太陽が空にかかっているとはいわない。月とちがって、太陽の強烈な輝きは、引っかかろうにも、空そのものを切り裂いてしまうからであろう、と推測する。

星についても、たんに、シリウスがかかっている、また、シリウスが空にかかっているとも、いわないようである。いかな明るい天狼も、自らの光で空を染めるにいたらない。ただし天の川やオリオンのような星座については、橋のまたがりや投網の広がりの感じからであろうか、かかっているというようである。

月だけが、自らが照らしだしている空と調和している。全体を薄っすらと明るくする、その不透明感によって、月は、空というカンバスにかかっていると感じられる。月が空にかかっているとして、その空の高さは、どれほどのものなのであろうか。

仰角と距離

そのまえに、月の高さをいうには二つの観点があるということを確認しておきたい。

ふつう、月が高いかとか低いとかいうときの高度は、見える角度、すなわち仰角のことである（本書でも高い低いはとくに断らないかぎりこの意味で使用されている）。昇っては沈む月の高低をいうには、ふつう、仰角で事足りる。

だが、雲などと比較される場合、位置関係をしるべく、月の「高さ」は、仰角とはもう一つ別の観点から表現されなくてはならない。それは、地上から何メートル、何キロ、何千キロあるかという、長さないし距離としての高さである。地上から、どれだけ離れているか、あるいは本節の題のように〈遠いか近いか〉といってもよい。

空間の、一方では仰角、他方では距離という、この二つのとらえ方は、一般的には、対立するのではなく、空間中の任意の物体の位置決定をするためにはどちらも必要であるという意味で、補完的である。たとえば、ＵＦＯの位置をいうには、見える方角だけでなく、何らかの距離にかかわる情報が必要である。

星や月がなんだかわからないほど遠いところにあるとみなすとき、高さは仰角でいうしかなかったであろう。このとき、距離の項は抜け落ちることになるが、この欠落は、故意の抛擲というより、手の届かないところにある星々の存在様式への、賛嘆と、あきらめにも似た無関心の結果である、といえるだろう。現代でも、一般人（科学者は除くという意味である）は、月の高さをいうのに、ふつう、仰角だけを使う。月までの距離が、ほぼ一定（平均約三八万キロメートル）であることは前提になっているから、仰角だけでいいわけである。

和歌の世界をのぞいてみるに、以下のように、仰角だけでなく、地上からの距離というとらえ方もあったことがわかる。

中空《なかぞら》というメルクマール

さて、月が空にかかっているとして、その空の高さのほうは、どれほどのものなのであろうか。もちろん、空には厚みがある。その厚みも含めて、以下、空は、日本語話者にとってどのような構造になっていたのか、和歌を参考に、考えてみたい。

和歌での空の構成物としては、月、雲、また空のなかでもとりわけ中空（音読みでは「ちゅうくう」だが本節では「なかぞら」と訓読みしていただきたい）、そして雁が考えられる。雁だけは、生物でもあり、異質であると思われるかもしれない。しかし、空の通り道という観点からすれば、雁は、重要な手がかりとなる。

たとえば、『古今和歌集』の次の歌では、雁は、雲、月とともに、夜空の三つの要素をなしている。

白雲に羽うちかはしとぶ雁のかずさへ見ゆる秋のよの月　一九一番[13]

雁は、白雲の下をとおる。雁には雁の道があるように、雲には雲の通い路があり、ときとして、月を隠す。この歌では、空の構成要素は、月、雲、雁の順に高い、ということになる。雁は、中空を飛ぶといってよいであろう。同じく『古今和歌集』に、「初雁のはつかに声を聞きしより中空にのみ物をおもふかな」（四八一番）がある。この歌の注釈者・訳者小沢正夫によれば、「中空」は、第一句の「雁の縁語」である。[14]「中空」は、雁がいるはずの場所であると同時に、情意のレベルでは、現代語の「うわのそら」にあたる語として、詠み手の心の状態を表現している。

この二つの歌だけからすれば、月、雲、中空（＝雁）の順に高い、といえそうである。ただし、この三要素の位置は、和歌をいくつか比べてみると、月が中空にあったり、雲も中空に漂っていたりで、必ずしも一定の序列におさまるものではないことがわかる（用例は後まわしにする）。とりあえずここで注目すべきは、空が、以上のように、層をなすものとしてとらえうる、ということである。

まずは、中空という語が、仰角的および距離的の、両方の観点を含む表現であることを確認したい。『日本国語大辞典 第二版』では、「中空」は、まず、「空の中ほど。空中」と総括されている。この総括的意味の下に、二つの小項が設けられている。すなわち、（イ）「空の中を漠然とさす」、および、（ロ）「天頂と地平線との中間に当たる空」である。定まっている二つの箇所、天頂と地平線の中間という（ロ）の定義は明確であるが、漠然としか指さないという（イ）の釈義は、それこそ「漠然」としている（なお空の位置ではなく精神の不安定なさまやいい加減なさまにかかわる、釈義の後半部は省略）。

明確なほうから取りあげれば、二番目の（ロ）での中空は、「天頂と地平線との中間に当たる空」というように、「天頂」や「地平線」によって定義されている。このことから、九〇度の天頂（観察者の鉛直線上に想定される点）と〇度の地平線と同様、定義された「中空」も、仰角として空を眺められたときの位置である、ということができる。

他方、（イ）の定義は、「空の中を漠然とさす」と、かなり広い。高さの基準が何であるのか、はっきりとしない。そこで、（イ）の用例を点検してみたい。

まず、「行く先も跡も霞のなか空にしばしは見えて帰るかりがね」(『新後撰和歌集』、源恵)。頭上を通過しているときには、「なか空」は、距離的に、雁の通り道あたりと目されたことであろう。だが、遠ざかるにつれて、その道さえ定かでなくなり、雁は、仰角の指標としての点となっていったはずである。次に、「鳶くるくると町の半空　むら雨の跡は笑止な人通り」(『七柏集』、蓼太)。鳶には、上空のある定まった高さを舞う習性がある。この意味では、「町の半空」は、地上からの距離としてとらえられている、ということができる。ただし、斜め上の空を旋回しているのであれば、仰角的ともとれよう。そして、「中そらに立ちゐる雲のあともなく身のはかなくもなりにける哉」(『伊勢物語』)。ここでの「中そら」は、うわのそら、中途半端といった心的状態の表現となっている。これを、あえて即物的に解釈すれば、雲が中空まで立ちあがっているということから、地上からの距離としての高さが表現されている、とすることができそうである。とはいえ、「立ちゐる雲」が斜め上方へと仰角的に眺められている、という理屈もありうるだろう。

結論として、「空の中を漠然とさす」という(イ)の「中空」の用法は、仰角的であるのか距離的であるのか、はっきりしない。どちらの観点をも排除するものでなく、この「中空」という語には、両方の空間認識が生じていることになる。だとすれば、解釈に際しても、どちらであるかを判別できないし、問うこと自体が不適切である、野暮であるということになるかもしれない。

「仰角かつ距離」かあるいは「仰角か距離か」

ただし、空間認識が、仰角的かつ距離的であるということと、仰角的か距離的か判別できないものとして漠然としていることは、まったく別である。これは、月のメルクマールである中空についても、中空自体についてもいえることである。仰角的かつ距離的に対象を表現してしまえば、まずいことに、その座標を決定してしまうことになるだろう。

月の高さをいうときには、距離と角度のうち、どちらかが、言い落とされることが多いようである。たとえば、新聞小説『鳥影』の啄木は、第四章第一節でのべなおすが、「月は高く上つた」と書くばかりである（月までの距離はもとより関心の外にあるわけだから言い落としに着目することと自体が過剰反応であるということになりかねないがあえてのべればこういうことである）。他方、「雲隠れにし夜半の月かな」などといった雲と月というテーマでは、両者の上下関係は明確であるが、月とそれを隠している雲の角度としての高さへの言及がない（言及されていないからには人は多く漠然と月の通常のデフォルトとしての高さすなわち斜め上方を思い浮かべるにちがいない）。

月がその正体を秘していた時代、暗黙のうちの畏れもあって、人は、月を、あるいは距離的にしか、あるいはまた仰角的にしか、とらえようとしなかったのではないだろうか。月が見える方向（厳密には仰角と方位）および距離とをあえて同時にいってしまえば、むしろ、まずいことになる。というのも、空のなかでの月の正確な位置を誰一人しらないときに（かつてはそうであった)、その位置を勝手に定めてしまう、ということになってしまうからである。

歌人達――地球物理学的構造をしるべくもなかった歌人達は、月も、雲も、雁も、また空自体の部分をなす中空をも、あるときは見上げるものとして、あるときは層の秩序のなかにあるものとしてとらえる。この二重の空間認識によって、空中にあるものの仰角的高さと距離的高さは、漠然としたままに重なりあい、ときとして混同されてしまう。この二重性から、空間的表現の曖昧さが、そして捩れが、時には深みが生ずることにもなろう。

ただ、仰角と距離という二つの基準を故意に混在させ、空の配置の曖昧さを深みとして利用する、といった手法もあるようである。たとえば、「故里を雲居になしてかりがねのなか空にのみなき渡る哉」(『新拾遺和歌集』、相模)。なお、この『新拾遺和歌集』も含め、本節の以下で引用される歌はすべて、千葉千鶴子「〈中空〉考――『和泉式部歌集』私抄(二)」[15]を参照している。それぞれの和歌集の原文に当たる余裕がなかったことも、加えて、お断りしておきたい。

雁は、鳴いているばかりでなく、雲の下を飛んでいるのが見えている。「なか空にのみなき渡る哉」の「のみ」で表現されているように、雁は、地上からのある一定の高さの飛行コース、なか空からはみでることはない。他方、雲居は、雁の故里でもあるのだという。どうしてそんなことになるのかといえば、雁の高さは、仰角としてもとらえられているからであろう。雁と同じ方向に雲も見える。雁は、雲というスクリーンに投射された格好となる。これが、「故里を雲居になして」であろう。

仰角と距離という二つの観点の混在によって、高いものと低いものとが同一視されることがある。このことによって、低いものが高いところへと引きあげられたり（たとえば雁が雲へと）、高いものが低いところへと引きさげられたりする（たとえば後述のように月が雲付近へと）。

鯉のぼりはどこを泳ぐか

低いものが引きあげられるもう一つの例として、「鯉のぼり」をとりあげてみたい。この唱歌を取りあげるのは、中空の定義で悪戦苦闘しているうちに、その歌詞の意味が、はじめてはっきりしてきたように思われてきたからである。

甍の波と雲の波
重なる波の中空を
橘かをる朝風に
高く泳ぐや、鯉のぼり

いらかのなみとくものなみ
かさなるなみのなかぞらを
たちばなかをるあさかぜに

たかくおよぐや、こひのぼり

屋根の材料である甍の高さは、ふつう、地上からの距離としてとらえられるであろう。並行して、雲の波も、ある高さの層をなしている。雲と甍が、二重の波として上と下にうねっている。鯉のぼりが泳ぐとされる中空も、二つの波の間にあって、層をなしている。

中空という層のなかで鯉のぼりが泳いでいるとすれば、これは、ありえないほどの高さである。ここで、観点を、高度から仰角へと切り替えなくてはならないのであろう。斜め上方に仰ぎ見たとき、甍屋根のせいぜい二倍ほどの高さにあるにすぎない、竿の先の鯉のぼりも、雲の手前で、中空のなかを高く泳いでいるかのようである。こういったさまを思い描かなくてはならないのだろう。このとき、中空は、鯉のぼりもだが、仰角的に見上げられていることになる。

最初、この歌詞の意味が、いまひとつよくわからなかった気がしたのは、「中空」の語に戸惑ったからのようである。中空には、地上からの距離としての中間的高さと、仰角としての中間的高さというという二様の意味があり、その二つがときとして重なりあうということを知ったときはじめて、「鯉のぼり」の歌詞に納得がいった次第である。

空の垂直的秩序

閑話休題、月に戻ろう。月は往々にして中空にある、とされる。その中空自体、あるときは空の層、あるときはまた空の方向として、曖昧なままにとらえられていたことを確認した。本当の配置をしらなかった歌人達の目に、月は、あるいは仰角的、あるいは距離的、そのどちらかに映ったはずである。二つの見方は、まれに、交錯することもあったかもしれない。このような見当のもとに、中空の月を詠んだ歌をいくつか取りあげてみたい。

まずは、紛れもなく仰角的である例。「ひとり行く小夜の中山なか空に秋風さむく更くる月かげ」(『續千載和歌集』、観意法師)。風は冷たく冴え、「月かげ」(「月」そのものないし「月の光」の意であると解してよいであろう)は澄んでいる。遮るもののないこの月は、方向としてのみとらえられている、といえる。

秋風の寒いこの空には、雲が浮かんでいない。ところが、ここに、雲が介在したらどうなるであろうか。「名に高き秋のなかばの中空に雲もおよばず澄める月かな」(『新拾遺和歌集』、前参議定宗)。こうなると、「雲もおよばず」で、中空の月との垂直関係が生じてくる。澄んだ空でも、メルクマールとしての雲がはいってくると、この介在物が距離的構図の因子となる。

字足らずとなってしまうが、雲を取り去った、「名に高き秋のなかばの中空に澄める月かな」という歌があったとしよう。すると、この月は、位置を比較すべき定点を失い、漠として中空方向にあるということになり、仰角的に眺められている、とすることができる。

風が吹けば、雲は、吹き飛んでしまうかもしれない。吹き払われたとしても、雲は、残像として多少の存在感を示す。「更けぬるか雲も残らず中空に秋風ながらすめる月かげ」(『新千載和歌集』、後照念院関白太政大臣)。月は、そしてその住処である中空は、雲もなく、さながら澄んだ秋の空気のなかで仰角的にとらえられている。だが、「雲も残らず」で、かえって、雲の心像が復活する。ここでの月＝中空は、仮想的な雲との比較によって距離的に、また、透視によって仰角的にとらえられていることになる。透視というのも、月は、姿を隠してしまったかもしれない雲、とはいえ実際にはない雲の層の彼方に、くっきりと見えているからである。

月を透かし見る仰角的視線のうちにも、この見えない雲によるかのように、無意識のうちに距離的観点がはいりこむことがある。次の歌ではその無意識が、意識化されている。「月はなほ中空高くのこれども影薄くなるありあけのには」(『風雅和歌集』、大納言経顕)。「中空高く」というのは、奇妙な表現である。中空とは、空の半ばであるのに、それが高いとはどういうことであろうか。この奇妙さは、歌人の目が、「月」だけでなく「には」にも向けられていることで理解できる。庭の面を基準にすれば、中空の月といえども、十分に高いことになる。「中空高く」という破格の表現で歌人が示そうとしたのは、月と庭のこの距離的な差であった。

中空にあるとされるのは、以上の四首では月であるが、それればかりではない。のべたように、「白雲に羽うちかはしとぶ雁のかずさへ見ゆる秋のよの月」では、雁こそは中空を飛ぶのであった。雲もまた中空にありうる。「中空に浮べる雲」という歌がある。理解できているかどうか心もとないが、引用してみよう。「身に絶えぬ我が名もよしや中空に浮べる雲の有てなければ」(『新千載和歌集』、惟宗光庭)。「我が身にそぐわない名声というものなど、まあいいか。あの中空の浮雲もあってないようなものなのだから」ということなのであろうか。ちなみに、この歌は、「不義而富且貴於我如浮雲と言へる心を」という詞書をともなっている。「不義にして富み且つ貴きは我に於いて浮雲の如し」は『論語』からの引用である。

月は、中空を住処とするかと思えば、中空の上に鎮座していたりもする。雲は中空にあるかと思いきや、中空の月を、その下にあって隠したりする。雁は、雲の下の中空を通り道とする、とも、上方の雲を故里とする、ともされる。

雲、雁、中空、そして月といった要素からなる空は、上下の関係から解放されていないという点で、秩序だってはいる。だが、その秩序は、一定なのではなく、変動をともなう。高さの順序が入れ替わるのは、垂直的秩序が仰角的にも眺められることにより、低い層が高い層への投射によって引きあげられたり、高い層が低い層を透過したものとして引きさげられたりするからであろう。月もまた、その例外ではない。このとき、月の高さは、高いといっても相対的である。

ただ、比較を絶した、絶対的な月の高さもある。「ひとり行く小夜の中山なか空に秋風さむく更くる月かげ」の場合がそうであった。冴えた空に輝く月は、ただただ遠い。

月は、遠くなければならない、近くなければならない

結局、月は、宇宙の構造をしらない人の目には、遠いようで近い、近いようで遠いように見えたであろう。遠くもあり近くもあるというのは、ふざけた結論であろうか。いや、そのような両義性からくる曖昧さが、前節でのべきれなかったことの補足を可能とする。

前節および前々節での月のとらえ方を思い起こしてみよう。一方では、少しぐらい移動しても月が同じ方向に見えるというような、均一性、平行性にもとづく月光の受けとり方があった。だが、月の光は四散しているという感覚がありうることも確認した。とはいえ、その二つの見方を調和させる筋道は、示さなかった。

本節での月の見え方にしたがえば、その折り合いをつけることが可能になる。というのも、月の遠さと近さは、そこからの光の平行性と四散性に対応しているからである。

歩いても同じ方向に見え続ける月は、ほぼ平行な光を降り注いでいるということであるから、はるか遠くにあるはずである。ところが、空を仰ぐと、チンダル現象により、四方八方に光を撒き散らしているようにもみえる。このような月は、ある程度、低くなければならないであろう（低いといっても生活レベルでの尺度からすれば高いことにかわりはないのだが）。

遠くなければならない、そして近くもあらなくてはならないという、二つの要請のあいだで、月は、戸惑っているかのようである。だが、心配はいらない。仰角的視点と距離的視点の使い分けによって、時には混同によって、空の浮遊物は、高くも低くも見えるのであった。

遠くて近く、近くて遠いのだとすれば、月が、一方では、巨大な鏡ないし通信衛星のように末端の二人を結ぶ三角形の頂点にあるという錯覚、他方では、遠くの友と同じ方向に同じように眺めあっている対象であるという錯覚、この二つの錯覚を同時に抱かせたとしても不思議ではないだろう。

(1) ジュールズ・キャシュフォード『月の文化史 神話・伝説・イメージ 上』別宮貞徳監訳、柊風社、二〇一〇年、三八〇〜三八七頁。
(2) 石田英一郎『石田英一郎全集 6』、筑摩書房、一九七一年、二四〜二八頁。
(3) ジュールズ・キャシュフォード、前掲書、三九一〜三九四頁。
(4) 嫦娥については、ジュールズ・キャシュフォード、前掲書、三九八〜四〇一頁。また、谷川健一(著者代表)『太陽と月 古代人の宇宙観と死生観』「月と水」(松前健担当分)、小学館、一九八三年、一二三頁で詳しく紹介されている。
(5) ジュールズ・キャシュフォード、前掲書、一五九〜一六〇頁。石田英一郎、前掲書、二七〜二八頁。
(6) シェイクスピア『夏の夜の夢・あらし』福田恆存訳、新潮文庫、一九七一年、三四頁。
(7)『竹取物語』坂倉篤義校訂、岩波文庫、一九七〇年、五一頁および五五頁。
(8) 渡部潤一編著『最新・月の科学』、日本放送出版協会、二〇〇八年、一九〜二〇頁。
(9) 月の公転と自転の周期が同じになったことのメカニズムについては、たとえば、米山忠興『空と月と暦――天文学の身近な話題』、丸善株式会社、二〇〇六年、四九〜五〇頁、また、『最新・月の科学』(前掲書)、出村裕英担当分、七三〜七四頁の説明がわかりやすい。
(10)『一茶 七番日記(上)』丸山一彦校注、岩波文庫、二〇〇三年、三九五頁。
(11)『竹馬狂吟集・新撰犬筑波集』木村三四吾・井上壽校注、『新潮日本古典集成』、新潮社、一九八八年、二一一頁。

(12) 同書、二一一頁。

(13)『古今和歌集』小島憲之・新井栄蔵校注、『新日本古典文学大系5』、岩波書店、一九八九年からの引用（本書ではまた、次の注（14）で示した版も参照している。以下、『古今和歌集』からの引用は、適宜、どちらかの版からおこなうことにする（僭越ながら漢字の当て方などの点で現今の人にとって読みやすいほうを採用させていただいたつもりである）。また、引用箇所の指示は、いまの場合でいえば古今和歌集の「一九一番」のように、引用頁ではなく、歌番でおこなうことにする。

(14)『古今和歌集』小沢正夫校注・訳、『日本古典文学全集7』、小学館、一九七一年、二一六頁。

(15) 千葉千鶴子「〈中空〉考——『和泉式部歌集』私抄（二）」、『帯広短期大学紀要』、第一〇号、一九七三年三月。

第二章　月光の装い

一　月下の眺めは鮮やかか

明るい光のもとでは物が見えやすい、よく見えるということを、われわれは経験からしっている。反対に、光が弱くなるにつれて、物は見えにくくなり、しまいには、見えなくなってしまう。

暗いのに鮮やか

満月は、昼のように明るい、といわれることがある。実際は、その満月の下であっても、本を読むことすらできない。日本語の雑誌程度の活字だと、引き寄せ、目を凝らせば、ひらがなやカタカナまではかろうじて判読できる（ただしピントが合うまで時間がかかる）。だが、漢字は無理である。少なくとも、筆者の視力では。

月の光は、満ちているときでも、太陽に比べれば文字通り桁違いに暗く、その四、五〇万分の一程度である。(1) ところが、月下の眺めは、日の光のもとで見る光景と比べても遜色のないほどに鮮やかであるという印象を残すことがある。条件にもよるだろうが、昼には見えないものが見えるという感じさえもたらすことがある。
月がさしだす鮮やかな眺めの例をあげるまえに、まず、暗いのに明るいときよりはっきりと見えるという逆説は、成立しうるのかどうか、可能であるとしたらどのようにしてか、目星をつけておきたい。コーニッシュの『風景の見方』を参考にすれば、第一に、月の光のもとでは明暗のコントラストが増すことがある、ようである。第二に、月がつくる影は、太陽の影よりも明瞭であるように見える、のかもしれない。この二点について、検討していこう。

コントラスト

まず、明暗のコントラストという点から話をはじめよう。コーニッシュによれば、光は明るすぎれば、かえって、見えにくくなることがある。

私たちは、光といえば物が眼に見えること、闇といえば眼に見えないことを、習慣的に連想する。そのため、日中は太陽の光が明るすぎて物が目立たない、あるいはむしろ見えないことさえあるという根本的な事実に、あまり注意が払われていない。

具体例をあげてみよう。夏の海の、暗いさざなみの立つ水面に、月の幅の広い光の帯が射し込む。これほど美しい明暗のコントラストが、自然界の光景でほかにあるだろうか。読者も、どうかこのイメージを思い浮かべていただきたい。帆を張った漁船が闇のなかの

隠れ場所から姿をあらわし、光の道に入る。帆影は、最高の明暗のコントラストを示して、完璧な影絵を描きだす。(2)

ポイントは、明暗のコントラストにある。月光のもとで、「月の幅の広い光の帯」と「暗いさざなみ」、「光の道」と「帆影」が、素晴らしいコントラストをなす。そのコントラストが、「帆影」を「完璧な影絵」にする。

仮にもし、日の光のもとで、海も、空も、帆船も、すべてが明るかったとすれば、輝度の差は減じ、物の輪郭はまぶしさのためにかえって不明瞭になってしまうことであろう。コーニッシュは例示を続ける。

ところが、ある冬のこと、私はプール〔イギリス南岸の都市〕のはるか東方にあるイーストボーンに滞在していて、日ざしの強い朝、崖の小路をビーチー岬まで歩いて行った。帆船が一艘、イギリス海峡の薄青い水面に浮かぶ情景は絵のようであったが、やがて太陽のきらきら踊る光の帯に船が入ると、船は視界から完全に姿を消してしまった。あまりに強い太陽の反射で、眼がくらんだからである。

結局、コーニッシュによれば、「日ざしの強いときには、過剰な光のために明暗の差が減り、物の形の明確さはむしろ落ちてしまう」[3]。こう考えれば、ときとして、月下の眺めのほうがコントラストの強さによって昼よりも鮮やかなことがあるということに、頷くことができる。

ただし、日のもとではつねに眼がくらむわけでもないし、月下での眺めが無条件でいつも鮮やかだというわけでもないだろう。月の照度の絶対的な弱さを考えれば、そのコントラストの大きさは、照らされた部分の明るさというよりも、むしろ、照らされていない箇所の漆黒のような暗さによって増大する、としてよいであろう。

半影とは

次に、半影のほうに移ろう。半影は、光源が、点とはみなせないほどの大きさをもっているときに生じる。陽光や月光が何らかの物体で遮られれば、影ができる。その影のうち、本影とは、介在する物体にすっぽりと覆われているために光がまったく届かない場所での影であり、半影とは、本影のまわりにあって、光が部分的にしか届かない（部分的には光を受けている）位置での影である。もし、半影ができている場所から眺めるならば、光源は、一部分、物体の陰になり欠けているように見える（太陽の場合は危険なのでお奨めできない）。

光源がもし点であるならば、それによって照らされた物体は、シャープな影をつくる。ところが、月や太陽は、大きさをもった光源であるため、物体がつくる、真っ黒な影――本影――は、ぼやけた影――半影――をともなう。

月の半影、太陽の半影

その半影のでき方が、月と太陽では異なっているとコーニッシュは考える。本当にそうであるのかどうかは再検討するとして、まずは、コーニッシュによる観察と考察に耳を傾けよう。

月の光が水面や雲間を照らすときのコントラストほど人の心を捉えはしないが、それでもほとんどそれに匹敵するくらい印象的なのが、月の光が地面に投げかける黒々とした影である。高い樹木の影を、強い日ざしのもとと、満月の光のもとで比べてみると、いずれの場合も、根元近くの幹の影は鋭く、鮮かな輪郭を描くが、遠くに投げかける頂近くの影はそれぞれ異なる。日の光のもとでは輪郭が和らげられてぼやけるが、月の光のもとでは変わらずに鮮かな輪郭を保っている。日の光のもとでの影の縁の和らぎは、半影にほかならない。〔…〕

月の光は、それとわかる半影をつくらないように思われる。クライネ・シャイデックでの、月の美しい八月の夜を私は思い浮かべる。そびえ立つアイガーが牧草地に投げかける黒々とした影は、その尖った山頂の輪郭までも鮮明であった。(4)

黒々とした木の影、そして、アイガーの山頂の鮮明な影は、月下では日中よりも物体が明瞭に見えることとの二つの例となっている。観察結果だけでなく、付された考察も、そのまま、歓迎したい気になってくる。たしかに、「月の光は、それとわかる半影をつくらないように思われる」というその考察がもし本当だとすれば、月のもとでの物体の影のほうが、かえって鮮明で印象的であることの説明がつく。説明への道筋を示してくれている点で、コーニッシュの指摘は重要である。

月も半影をつくるが、ただし……

ところで、「月の光は、それとわかる半影をつくらない」というのは、本当にそうであろうか、と筆者は疑った。光源である月も太陽も、視直径（見たときの大きさ）はほぼ同じだからである。とすれば、半影のでき方は、明るさにちがいはあるにしても、ほとんど同じである、という理屈にならないだろうか。太陽に比べれば何十万倍も暗い月の光も、同様の半影を、ただし何十万倍も暗い半影をつくっているはずではないか。

この疑問は、具体的には、次の箇所にかかわる。「高い樹木の影を、強い日ざしのもとと、満月の光のもとで比べてみると、いずれの場合も、根元近くの幹の影は鋭く、鮮かな輪郭を描くが、遠くに投げかける頂近くの影はそれぞれ異なる。日の光のもとでは輪郭が和らげられてぼやけるが、月の光のもとでは変わらずに鮮かな輪郭を保っている」。はたして、そうであろうか。

そこで、筆者は、晴れわたったある満月の夜、自宅のまわりを歩いてみた。黒松の枝が地面に投げかける影は、遠目には、コーニッシュのいうとおりたしかに黒々としていた。ところが、である。近寄り、身をかがめて見ると、影は、やはり、太陽がつくるのと同じような半影をともなっている。足もとには、靴ないし頭ほどの葉の影の塊が、ぼんやりと、散らばっているばかりである。ましてや、松の針葉の一本一本がくっきりそのまま影となっている、ということはなかった。

ただし、離れたところから眺めると、たしかに、松の影は黒々としている。見方にもよるであろうが、その影は彫りの深い感じである。コーニッシュの観察も完全に間違っているとはいえないかもしれない。『風景の見方』の著者は、満月のもと、高い樹木とその影を、風景として遠いところから眺めたのであろうし、アイガーが投げかける黒々とした影にクライネ・シャイデックで感動した夜も、峠から、山頂が投影された牧草地へ降りていく、という冒険はしなかったはずである。もし、実地検分をしたとしたら、草ばかりの足もとに、半影がしまりなく広がっているさまに気づいたことであろうが。

つまりこういうことになろう。月の半影の場合、太陽に比して極端に暗いために、遠くからだと、ぼんやりとしたところまでは、見えにくい。半影のグラデーションが目立たないことによって、月の影の輪郭は鮮明となる。輪郭付近のコントラストがはっきりしているように感じられるのは、逆説的なことだが、月の光が、半影の不明瞭さを見せないほどに弱いからである。

反対に、太陽がつくる半影は、その猛烈な明るさのために、微妙なグラデーションまでを見せる。日の光のもとでは、その不明瞭さにいたるまでがはっきりと見えるために、半影はぼやけてしまう。

以上の考察は、対象に、近づいては遠ざかり遠ざかっては近づくことで得られた。遠目での風景だけを対象としているコーニッシュの観察は、その考察と矛盾しない。「月の光は、それとわかる半影をつくらない」という『風景の見方』は、対象を遠くから望むかぎり、これでよいわけである。半影はできていても、それとわからないのであるから。

月下の眺めはなぜ鮮やかか

結論としては、予想しておいたように、第一に、月のもとでは明暗のコントラストが日中よりも増すように感じられる（ことがある）。第二に、月がつくる影の輪郭は、半影のグラデーションに気づきにくいため、太陽の影よりもかえって明瞭であるように見える（ことがある）。

ことがある、とニュアンスをもたせたのは、月下での眺めが鮮やかであるためには、月相、天候、見る角度、影までの距離、その他の条件がかかわるからである。たとえば、波が荒れていたら、「夏の海の、暗いさざなみの立つ水面に、月の幅の広い光の帯が射し込む」ときの美しいコントラストを見ることはできなかったであろう。アイガーが牧草地に黒い影を落としていた「クライネ・シャイデックでの、月の美しい八月の夜」を、コーニッシュが思い出すのも、それが、稀に美しい夜だったからであろう。

和辻哲郎の月

月の光のもと、昼よりも鮮やかな光景を目にすることができたとすれば、それは、好条件が重なった、何かのめぐりあわせによってである、とさえいってよいのではないか。青年だった和辻哲郎が――初老にいたって恥じるとともに懐かしむことにもなる若々しい感性で――「月夜の東大寺南大門」（『古寺巡礼』所収）を眺めたのは、そのような晩のことであった。

南大門の大きい姿に驚異の目を見張つたのもこの宵であつた。ほの黒い二層の屋根が明るい空に喰ひ入つたやうに聳えてゐる下には、高い門柱の間から、月明に輝く朧ろな空間が、仕切られてゐるだけにまた特殊な大いさをもつて見えてゐる。それがいかにも門といふ感じにふさはしかつた。わたくしはあの高い屋根を見上げながら、今更のように「偉大な門」だと思つた。そこに自分がたゞひとりで小さい影を地上に印してゐることも強く意識に上つてきた。(5)

本節での観点からすれば、第一に、「ほの黒い二層の屋根」が「明るい空」に「喰ひ入つ」ているのは、コントラストの原理によってである。さきほどの例を思い起こせば、帆船のシルエットがシャープであるのと同じ効果によってである。

第二に、月が彼の「小さい影を地上に印してゐる」のには、半影の見え方がかかわっている。陽光のもとでは、試してほしいのだが、行きかう人や自分自身が地面に落とす影は、足先から胴体あたりまでは明瞭だが、肩や頭部では半影を生じるように見えるはずである。たいして、月下では、少なくとも和辻哲郎の目に、影法師が爪先から頭のてっぺんまで判で押したように黒く見えた。それが、「印してゐる」である。

だがしかし、月のもとで、眺めは、明瞭なばかりであろうか。和辻の感動はなおも続くが、そこには、どうしても、不鮮明な暗さの因子をも認めないわけにはいかない。

> 三月堂前の石段を上りきると、樹間の幽暗に慣れてゐた目が、また月光に驚かされた。三月堂は今あかるく月明に輝いてゐる。何といふ鮮かさだらう。晴朗で軽妙なあの屋根はほのかな銀色に光つてゐた。その銀色の面を区ぎる軒の線の美しさ。左半分が天平時代の線で、右半分が鎌倉時代の線であるが、その相違も今は調和のある変化に感じられる。その線をうける軒端には古色のなつかしい灰ばむ朱が、ほのかに白くかすれて、夢のやうに淡かつた。その間に壁の白色が、澄み切つた明らかさで、寂然と、沈黙の響を響かせてゐた。[6]

和辻が示したいのは、月明に輝く三月堂の鮮やかさである。だが、その明るさは、目が「樹間の幽暗」に慣れていたためでもあった。印象的だった屋根も、光としては強烈でなく、「ほのかな銀色」である。壁の白――色とはいえないかもしれない色――を別とすれば、色はくすんでいる。「古色のなつかしい灰ばむ」軒端の朱も、「ほのかに白くかすれて、夢のやうに淡かつた」。月の明るさもさることながら、この暗さによって、大きなコントラストが生じた、と考えられる。

次節では、暗い月の光のもとでは、物体は見えにくくなるはずである、という常識に戻ろう。月下で、本当によく見えているのかどうか、個体識別という観点から、再検討してみよう。

（1）月の明るさは満月時で実視等級マイナス一二・六（『理科年表』二〇二一年版、丸善出版、八二頁）、太陽の明るさは実視等級マイナス二六・七四（『天文年鑑』二〇二一年版、誠文堂新光社、二〇一頁）であるから、その差は約一四・一等級。なお、等級差がマイナス五で、明るさが百倍となる。対数計算をすれば、太陽の明るさは、月の四、五〇万倍である。
（2）コーニッシュ『風景の見方』東洋恵訳、中央公論社、一九八〇年、二五～二六頁。
（3）同書、五一頁。
（4）同書、二八頁。
（5）和辻哲郎『古寺巡礼』、岩波文庫、一九七九年、二一八～二一九頁では新仮名遣いがもちいられているため、引用は、安東次男編『日本の名随筆58 月』、作品社、一九八七年、二〇九頁からおこなった。
（6）同書、二一二頁。

二　月光で個は識別できるか

本節でおこないたいのは、月光のもとで、ある個体と、同類のもう一つ別の個体との区別ができるか、ちがいのあるものとして個体を認識できるほどに月光は明るいか、ということである。この意味で、本節は、〈月下の眺めは鮮やかか〉という前節の続きであり、その応用である。

雁のシルエット

以下にあげるのは、第一章第四節で「中空」の観点からすでに引用した和歌であるが、これを、個体識別の観点から見なおしてみよう。

白雲に羽うちかはしとぶ雁のかずさへ見ゆる秋のよの月　『古今和歌集』一九一番

飛ぶ雁の群れの姿が、羽先や足先まで、澄んだ秋の夜空にくっきりと見えるような気がする。このような感想をもったとしたら、歌人――よみ人しらずではあるが――は、「かずさへ見ゆる」

の趣向が効を奏したと、喜ぶであろう。ついでながら、類想歌に、「秋の月山辺さやかに照らせるは落つるもみぢの数を見よとか」がある。これも『古今和歌集』（二八九番）で、やはりよみ人しらずである。

ここで、雁は、白雲を背景にシルエットとして見えているはずである。雁の姿は、白雲を地として、黒い切り絵の様を呈している。そのシャープな輪郭が、飛ぶ雁の姿の鮮明さという印象をもたらしている。

隊列を組んでいる雁は、鮮やかであろうとも、一羽一羽の個体識別がなされないままに眺められている。一群がみなほぼ同じ大きさ同じ姿で整然と渡っていくからこそ、雁は、容易に「数」となり、数えられることに甘んじ、「数」として充足する。

雁はもともと個体識別すべき対象ではない、という反論もあるだろう。第一、われわれは、昼でも雁を個体識別していないではないか、というわけである。そのとおりではある。個体識別されないことで、野鳥という生き物も、風景へと溶けこんでいく。

ただ、昼の雁であったとしたら、「かずさへ見ゆる」というであろうか。この「さへ」は、秋の夜気が一羽、二羽と数えられるほどに澄んでいることを強調せんがための技法であるから、昼であったら、そうは詠まなかったであろう。

もっとも、「かずさへ見ゆる」というときの、見えやすさの精度は、さほど高くなくてもよいようである。一羽一羽ちがいがわからなくても、雁を数えることはできる。雁であったらそれでよい、個体識別の必要はないという前提が、この歌を成立させている。月夜の状況下、輪郭は明瞭だが黒いばかりのシルエットに、数までわかると感嘆するのも、それ以上は要求されていないからであろう。

シャープな輪郭をもつようでも、シルエットの線の内側は、黒いか、灰色がかっている。シルエットには、線は明瞭であるのに面のほうは見えにくいという特徴があるようである。線の内部平面がよく見えないからこそ輪郭が目立つ、とさえいってよいだろう。この歌は、月明かりのなかでの暗さが輪郭線を引き立てるということの好個の例となっている。

歌の読者は、一羽の雁のイメージ、そしてそのコピーのような数羽の雁を一幅の美しい絵として思い浮かべるであろう。なかには食べたいという人もいるであろうが、雁は、ふつうは、見る対象であるばかりである。渡る雁は、通り過ぎるだけであり、季節の使者としての役割しか期待されないことが多いであろう。

人影——飯田蛇笏の月

ただ、個体識別されて当然の、人間の場合はそうはいかない。以下では、月下での人の見え方という観点から、飯田蛇笏を取りあげてみたい。その随筆「月夜の蟻」(『田園の霧』所収)は、ある夏の夜の出来事を語っている。場所は、おそらく、蛇笏の居住地である山梨。「月夜の蟻」の初出は、主催していた雑誌『雲母』の昭和十七年九月号、戦時中である。

行方不明であった女の子が溺死体で発見されたという。寝苦しい夏の夜のことであった。俳人は、池へと駆けつける。説明を加えるために、文を少しずつ区切っていこう。

門を出て貯水池へ七八丁ほどある草深い野徑を急いだ。月は遙かに山嶽をのぼつて白晝をあざむくばかり四邊を照してゐた。〔…〕月光が明るく照らす青草の土堤に山郷の人々が群れてゐた。(1)

月は昼のように明るかったというが、土手のうえのやまざとの人々は、最初、「群れてゐた」とされるばかりである。描写が詳しくないのは、まずは大雑把にということもあってだろうが、遠目には、個として見分けにくかったためでもあろう。ただ、月が明るいとされるわりに、続く風景描写も、墨絵がかっている。

貯水池は甚だしく減水してゐて僅かに幼童を溺死せしめるに足ると肯かしめるほどの水が幽冥を湛へて静まりかへってゐた。山林に接した個所は月光が遮られ、どす黒い陰影が水面に横たはってゐた。併し洽ねく照らす月光は男女一人一人の顔を仄かにそれと知らしめるのである。

月光が遮られているところでは、「水」は「幽冥を湛へて」いる。「山林に接した個所」では、「どす黒い陰影」が漂っている。「併し」で接続されているように、それでも、集まった人達の顔は、月に照らされている。

弁別特徴の見えにくさ

群れにしか見えなかった人達に、著者は近づいていったのであろうか、「洽《あま》ねく照らす月光は男女一人一人の顔を仄かにそれと知らしめるのである」。もっとも、月が明るいとはいえ、人の顔がかろうじてわかる程度である。「男女一人一人の顔を仄かにそれと知らしめる」とは、どこの誰がしであるか、個々の特徴がかろうじて見分けられる、ぐらいの意味であろう。ことさら「男女一人一人」と性別をもちだしているのは気になるが、男か女かを逐一区別しているというより、これは、一人一人の特徴がかろうじて浮かびあがっている、そういった人達のなかには男も女もいるということの、圧縮された描写なのであろう。

人の場合、〈月光で個は識別できるか〉どうかは、以上の例に頼らないでも、容易にわかるだろう。月下の人は、誰それと識別できるときも、できないときもある。いずれにしても、白昼よりも識別しにくくなる。

照度が減じていったとき、対象は、基本的には見えにくくなっていく。ただ、月下での物の見やすさ見にくさの程度は、月相、天候、月の高さ、順光か逆光か、対象までの距離などの条件によるだろう。また、物の見え方といっても、色彩感、質感、形状といったいくつかの観点があるにちがいない（これはむしろ実験で確かめるべき事項である）。ここでは、前節との関連から、輪郭と、それによって囲まれた面という二点にかぎると、次のことがいえそうである。つまり、月下で、照度が減じていったとき、物の輪郭の見えやすさはしばらく残るが、線に囲まれた内部の面は早い段階から見えにくくなっていく、ようである。

前節での結論を繰り返せば、明暗のコントラストが日中よりもきつく感じられることが、月のもとでの物体が鮮やかに見えることの理由の一つであった（もう一つは半影の見え方にかかわるものであるがここでは繰り返さない）。この結論は、本節での観点から見直せば、月下ではすべてが一様に見えにくくなっていくのではないという、見え方の低下の不均一性ともかかわってくる。結果、太陽が沈み月だけになると、暗いところと明るいところの差が相対的に増すために、物の輪郭が目立つようになる、といえそうである。

ただ、夜、絶対的には、あらゆるものが見えにくくなることにかわりがない。随筆からの最初の引用文では、月が「白晝（白昼）をあざむくばかり四邊を照してゐた」という。だが、二番目の引用文でも、以下の描写でも、トーンは薄暗い。

起つて囁き合つてゐる者、青草に蹋んで死體を探り得たときの容子を語つてゐる者、その人影の隙間から、ちらと仄白い裸體が見えた。

墨絵っぽい風景のなかで、人々は、個として名指されることがない。どこの誰々さんと見分けられる人達もいたであろうが、彼らは、結局のところ、「起つて囁き合つてゐる者」「青草に蹋んで死體を探り得たときの容子を語つてゐる者」のように、姿勢や行為、またあとで出てくる「老婦」や「婦人」のように年恰好や性別などで区別ないし分類されることになる。

月下の集団

このようにして個を剝奪された者達は、人影がやがては闇へと消えていくように、集団へと吸収されていく。「月光が明るく照らす青草の土堤に山郷の人々が群れてゐた」もそうであった。すぐまたあとで挙げる「人襖」もそうである。

こういった「山郷の人々」は、ふだんから、事あるごとに集まり、協力しあっていたようであるが、戦時中のこととてなおさらであろう。その日も鎮守の祭典があり、女の子の発見が遅れたのも、祭りへ出かけているのだろうという楽観からであった。子供達もまた集団で遊ぶ。犠牲者の兄である腕白が、「知らせると怒られるから皆黙つてをれ」とし、他の腕白どもがその箝口令に従ったことも、発見の遅れにつながった。

月の光は、既述のように、一人一人を識別しにくくする。この山郷にあって、月は、彼らの多様性を覆い隠してしまっているというよりは、むしろ、集団性を引き立たせる効果を及ぼしている。

死という擬似的個性

そのなかで、個的存在として提示されているのは、亡くなった女の子だけであるとしても過言でない。括ることもできない、取りかえもきかない孤独な体験によって、女の子は、死者となっている。蛇笏は、近寄っていく。

近寄つてみると人形のやうに可憐なる女童である。青草の上に五體を伏せ、ふさふさした髪をふりみだして、永遠の静けさを水のやうな月光の中に横たへてゐるのである。

草に横たわる者だけが、個のみがもつあの生彩を帯びる。日中には腕白たちの幼い遊び仲間の一人であるにすぎなかったのだが——「やうやく七才になつたばかり」だという——、死という、生涯で一度きりの体験をしたばかりの女の子は、参集した山郷の人へはなかった、丁重な描写で飾られている。

死に際して個となった女の子は、「水のやうな月光の中」で、今度は、この世にない新たな次元で非個体化されていく。彼女は、蛇笏の筆によって、可憐な人形のようだとイデア化され、彼岸の静けさのうちに横たえられ、死者達という永遠の、新たな集団に加えられようとしている。

蟻と月——非識別世界の使者

ところが、である。それまで、誰一人として気づかなかったものがあった。蟻である。個として飾られた童の姿を、再び、死という非識別の世界へ引きずりこもうとしているのは、月の光ばかりではなかった。永遠の少女であり続けるかのように思われたその眠れる死体には、腐敗がはじまっていた。体は、蟻の口で、それこそ識別不可能な、砂粒の大きさに噛み砕かれようとしている。

「検屍があるにしても着物をきせておいたら宜いらもの〔いいでしょう、の意の甲州弁〕[2]といふ傍にゐた婦人の注意で、それをする爲めに他の一人の老婦が裸の女童を抱き上げ、一人が提灯を點した。青白い月光の中でぱつと灯つた蠟燭が、微かに通ふ夜風でゆらゆらと揺れた。裸火を蔽ふ提灯の膨らむ音とともに老婦が突然吃驚したこゑをあげて、

「まあ蟻が、ひどい蟻だよこれまあ」

と叫んだ。

その提灯は、「月夜に提灯」という言い方にはんして、蟻の発見に役立ったようである。もっ

とも、いることがわかれば、近くから目を凝らせば、月光だけでも蟻は認められたはずである。ただ、弱い光が見せたのは、蟻というより、陸続とした黒い点々の列だったであろう。その黒い影は、銃後の人には、顔の見えない敵の集団さながら不気味に感じられたかもしれない。蟻は、小さな生命でありながら、動く重機、蠢《うごめ》く物質を思わせる。

皆がどつと近寄つて、溺死體に何時からかむらがつてゐた蟻を見ようとした。私は人襖から少し離れて佇んでゐたために、その蟻を認めることは出來なかつたけれども、大勢の驚愕するこゑで、肌に群れうごいているそれがまざまざと心眼に映じた。

その心眼には、蟻を見ようと群がってきた村人達も、大きな蟻と映っていたかもしれない。少なくとも、俳人は、「人襖から少し離れて佇んで」、村人達とのあいだに距離をおく。あの『広辞苑』にも見当たらないからには、この「人襖」は、廃語なのであろう。それは、『日本国語大辞典 第二版』によれば、「ふすまを立てたように人がすきまなく大勢並んでいる様子」のこと、いまでいえば、「人垣」のことである。「ひとがき」の「垣」は生垣として生きているのに、「ひとぶすま」のほうの「襖」は非生命である。ことさらに人襖なる表現が使われたことで、村人達は、物質化されたといえるかもしれない。

蛇笏は、見たいという気持ちのはしたなさを自戒したのであろうか、蟻からも人襖からも遠ざかる。それでも、「肌に群れうごいているそれがまざまざと心眼に映じた」という。ちょうど、「白雲に羽うちかはしとぶ雁のかずさへ」が見える気がするように。

薄暮のなかの生者

この随筆には、伏線として、生死のテーマがある。蛇笏は、文を、「人生の生と死のさかひ目を現実にこれほどはつきりと知り得たことはなかつた」と結んでいる。亡くなったものが生者よりも鮮やかであり、生きているものが、薄暗がりのなかへと後退する。この生と死の逆転をもたらしたのは、生者を薄墨へと追いやり、死者を輝かせた、月の光であった。

一人一人の識別を難しくするという月光の効果が、個々人を集団へと追いやる。人間集団というものの意味は多様であろう。ただ、蛇笏の随筆の範囲内でだが、人の集団は、蟻という軍団とのアナロジーでいえば、死と連携しているようである。

ところで、蟻が夏の季語であることを、飯田蛇笏たる俳人が意識していないはずはない。「寝苦しい宵で、青蚊帳も疲れたやうにだらりと垂れ、晝からの暑氣が滞つてゐるばかり重くるしい感じであつた」(「月夜の蟻」の冒頭)。夏のけだるい夜だけに、蛇笏の「心眼」に映じた蟻は、気味の悪いほど元気であったにちがいない。

横光利一の月

新感覚派の作家横光利一の蟻も、負けず劣らず精悍であり、苛立ってさえいる。

蟻台上に餓ゑて月高し

自らこれを代表句と思っていたらしく、『横光利一句集』所収の久米正雄の証言「横光君の俳句」によれば、利一は、「旅宿などで、地方の有志や、愛読者などから、色紙短冊画帖の類をさしつけられると」好んでこの句を揮毫《きごう》したとのことである。続けて久米は書く。「風格のある書だった。が、私はそれを傍見し乍ら、一体是は俳句なのか、漢詩の一節なのか、又は象徴詩でもあるのかと、微笑し乍ら思っていた」[3]。さもありなん、久米の疑問は、「蟻／台上に餓ゑて／月高し」と区切ったらよいのか「蟻台上に／餓ゑて／月高し」と読んだらよいのか、句の、五七五におさまりきらない変則的なリズムからくるものであろう。

さて、福々と満ちた月に、餓えた蟻は、一匹狼のように挑みかかる。このありえない設定からもわかるように、句は、描写というより、横光の心象風景である。

月に挑みかかる蟻という構図は出来すぎている。この無謀ともいえる蟻の渇望は、「風格のある」字で事あるごとに揮毫されたのであるから、新感覚派の旗手である横光自身の野心ないし自信の表明であるように受けとられても仕方がないであろう。

月に吠えているのは利一自身でもあるといってもよいが、それにとどまらない。本節での考察に照らしてみれば、蟻は、シルエットとしてしか見えていないことに気づくであろう。

蟻の感覚

餓えということの意味を人間的に解釈するならば、蟻もまた、内的感覚と対話をしている実存であり、個である。ただ、そのシルエットからすれば、月下の蟻は、他と異なるところのないただの蟻である。囲まれた内平面が黒一色であるとき、そのシルエットとしての蟻は、同じような輪郭をもった、満腹であるかもしれない他の蟻と混同されてしまう。黒い胴体に黒い六肢。月下にあることで、蟻の実存は覆い隠されてしまう。

とすれば、蟻が苛立っているのは、自己表現が封じられているからである、ということにもなるだろう。蟻は、個でありながら、個として識別されていない。蟻をそうさせているのは、月の光である。だとすれば、蟻は、己れをシルエット化する高い月を、羨望すると同時にまた、恨んでもいるはずである。

餓えとは自己表現への餓えである、といってもよいだろう。横光の作中人物達は、その短編小説、たとえば『蠅』のように、自らのシルエットのなかに閉じこめられてしまっている場合もある。だが、長編小説の人物達は、最初、自分にあたえられたシルエット——たとえば『春園』でいえば世をすねた老人（松下林次郎）だとか出生の秘密があるらしい若い女性（真鍋美紀子）

だとか遊びの末に身を持ちくずした病人（松下速男）といった、主人公（湯川泰太郎）ないし語り手によって付与された外観――に満足しない。彼らは、内部のマグマが噴火したとでもいうように、常軌を逸した行動で、自らのシルエットを打ち壊していく。横光は、人物を照らすライトを、月光のように弱くしたり、陽光のように強くしたりする。このようにして、台上の蟻の餓えが見えてくる。

質感の変化

月下では、「木の葉が女の髪に變つたり木に被せられた布が光つてゐるのを思はせたりする」（吉田健一[4]）ことがあるようである。微弱な月の光のもとでは、輪郭線内部の物体の質感が変化していく。このことは、さきほどのべた、「照度が減じていったとき、物の輪郭の見えやすさはしばらく残るが、線に囲まれた内部の面は早い段階から見えにくくなっていく」ことの傍証となっていよう。なお、このような質の変化を楽しむ感覚については、本章第五節で、月光の効果による陰翳礼讃という観点から取りあげなおされることになる。

輪郭線が似ていても、月下では、雁同士、果ては人間同士といったように同種のものの識別ができにくくなる。さらには、案山子と人間、人間と幽霊、幽霊とススキといったように、異種のものが混同されることにもなるだろう。だが、ここまでくると、〈月光で個は識別できるか〉という問いから逸脱してしまう。

（1）本節での飯田蛇笏からの引用は、すべて、『田園の霧』「月夜の蟻」、文體社、一九四四年、四八～五〇頁からなされる。また、安東次男編『日本の名随筆58 月』、作品社、一九八七年、一八三～一八五頁も参照のこと。

（2）「みんなでつくる甲州弁辞書」［ウィキぺずら］（https://machikore.com/pezura/doku.php?do=edit&id=%3A%E3%82%89）、二〇二二年二月二十日参照）によれば、「ら」は「でしょう、ですね」の意の甲州弁。

（3）久米正雄「横光君の俳句」。横光利一『横光利一句集』、宇佐市役所、二〇一八年所収、七頁。

（4）吉田健一『奇怪な話』「月」、中央公論社、一九七七年、九四頁。なお、出典等についての詳細については、第二章第五節の注（6）を参照のこと。

三　正午に月は見えるか

昼の月、という言葉がある。月は、昼日中にも見ることのできる唯一の天体である（もちろん昼の主である太陽自身は除く）。とはいっても、真昼に、それも正午の時報がちょうど鳴ったそのときに月を見たことはあるかと聞かれたら、自信をもってイエスと答えられる人はほとんどいないのではないだろうか。

スーポーの、真昼の月

筆者自身、それまで、正午に月を見たという記憶も、見えるかと自問した覚えもなかった。問いのきっかけは、フィリップ・スーポーの詩集『簡潔に』(一九五三年)である。そのなかに、「ボンソワール」と題された詩がある。まずは、第一連だけ、拙いながら日本語にしてみよう。

月は真昼になんと美しいことか
炉ばたで　夏のこと
風が砂漠にいびきと吹き
おまえらの髪に夜が忍びこむとき(1)

四行目の「おまえら」は、まだ提示していない第二連の、樹々や雨であると解釈される。なお、「ボンソワール」は、「こんばんは」のほか、別れ際の挨拶として「おやすみ」「さようなら」でもある。詩全体(節の後半で掲げる)から判断するに、題は、「おやすみ」とするのが適当である。

真昼に月を見せる

フランス語には、「真昼に月を見せる」(montrer la lune en plein midi) という言い回しがある。仏和辞典『小学館ロベール』によれば、これは「単純な人をだまして信用させる」の意である(なおそれ以外にもある卑俗な使い方については省略する)。この言い回しでは、真昼の月があるかのようにいったとすれば、単純な人をだました、ということになる。だが、真昼に月は見えないという、この言い方に含意されている前提は、正しいのであろうか。のちほど検討することにしよう。

フランス語の「ミディ(midi)」は、語源的にいって、「ディ」(日)の「ミ」(真ん中)のことである。ただ、一日の真ん中をいつとするかは、分け方によるであろう。日が出ている時間の中間とはいっても、一つには、日本語でいう「真昼」「白昼」といったとらえ方、つまり、何時何分と限定できる時点ではなくある幅をもったおよその時間、時間帯としてのミディがある。しかしまた、ミディには、昼のちょうど真ん中、「十二時」ないし「正午」の意もある。

言い回し「真昼に月を見せる」は、正確な時計のなかった時代に発生し、その使用も、時計に頼るものではなかったであろう。詩で「正午」ではなく「真昼」と訳したのも、「月はミディになんと美しいことか」と詠うとき、詩人が、ミディだからといって、時報に耳を澄ましたとは思われないからである。

詩の世界だけでいうならば、〈「正午」に月は見えるか〉を気にする必要はなかったかもしれない。だが、この詩を思いだしたとき、ちょうど十二時に事実として月を見ることができるかどうかがふと気にかかり、以来、実際はどうかにこだわりはじめた。

結論からいえば、筆者の居住地である大阪では正午に月を見ることができる。また、フランスでも、頻度はともかく、全然見ることができないわけではない（それでも「真昼に月を見せる」が「単純な人をだまして信用させる」の意として使用可能なのは見える頻度がきわめて低いからであるということになる）。以下のアステリスクから次のアステリスクまでは、正午の月の観察方法とその結果についてである。結論だけでよいという方は、アステリスクではさまれた箇所を読み飛ばしてもらって結構である。

＊　＊　＊

真昼に月は見えるかと考えるとき、真昼が詩では時刻ではなく時間帯だからといって、観察上、時間に幅があるのは困る。それで、筆者が大阪でおこなったのは、やはり、「正午」という時点において月が見えるかどうかの観察であった。

正午とは

ただし、「正午」という概念には、注意が必要である。ラジオから正午の時報が流れる時点を、そのまま、太陽の「南中」時（「正中」とすれば北半球の「南中」と南半球の「北中」を包括できるが本節では北半球の例だけを考えている）とすることはできないからである。天文学的意味での正午、すなわち南中の時刻は、地球の公転軌道が楕円であるため、季節によって多少とも変動する。たとえば、大阪では、南中の時刻は、一年のうちに、一一時四二分と一二時一二分のあいだを動く。また、観察する場所によってちがいが生じ、その経度が東寄りなほど南中は早く、西寄りなほど遅く南中は訪れる。

では、正確を期して節の題を〈南中時に月は見えるか〉とすればよかったのであろうか。いや、そうは思わない。正午とは、特別な響きをもった語であり、生活上でも、午前と午後をわける節目となる時点である。問いたいのはやはり〈正午に月は見えるか〉である。そのために、プラスマイナス三〇分程度のずれが生じてもやむをえない、と考えた。この許容は、正午を小一時間ほどの幅をもった時間帯としてとらえるのと、原理的には同じことに帰する。

幸い、筆者が住んでいる大阪は、標準時の基点とされる明石市（東経一三五度）に近いこともあって、天文学的意味での正午すなわち南中時からの、正午の時報のずれは、最大でも一八分にすぎない。明石から大きく離れた地域の場合、その分、補正してもらってもよい。このようなずれがあるとはいえ、以下では、わかりやすさのため、ちょうど正午に太陽が南中するかのように考え、また、そのように表現する。

結論からいうならば、大阪でのことであるが、正午の月を見ることは可能である。筆者は、この居住の地で、すでに何度か正午の月を見ている。ただ、チャンスは、つねにあるわけではない。晴天という気象条件はいうまでもないので、強調しないでおく。月相という観点からしても、もちろん、制約がある。フランスではどうか、ということが気になる。だが、結論をのべるまえに、大阪での観察から気づいたことを、いくつかのべておいたほうがよいだろう。

上弦のパターン、下弦のパターン

あらゆる相の月に、正午の月としてのチャンスがあるわけではない。そのため、事前に、正午の月が見られる時期を調べておくことが大切である。また、観察にあたっては、その時点で月がどのあたりにあるか、頭にいれておくことが肝要である。私はここに出ていますと語りかけてくる夜の月とちがって、昼の月は、探さなければ見つからないことが多い。とりわけ、正午の月は、太陽に比較的近いため、薄っすらとしている。また、形も太くはないので、目にはいりにくい。

結論からいってしまえば、正午の月の観察のチャンスがあるのは、ほぼ、上弦の直前か、下弦の直後のあたりである(であるから、半月よりもやや細く、太陽に比較的近い)。前者を上弦のパターン、後者を下弦のパターンと呼ぶことにしよう。

このようなパターンがあるというのはどういうことなのか。説明しよう。

いま、時刻は正午、太陽は真南にあるものとする。さて、時刻と太陽の位置は固定し、日付だけを一日ずつ進めていくことにしよう。ちょうど、毎日の正午に一枚撮る、つまり間隔が一日ずつある、緩慢なストロボ写真を再生する様を思い描いてもらえばよい。月は、地上から見て、季節とその相により高いコースをたどったり低いコースをとおったりと道筋を変化させるため、単純にはいかないのだが、ここでは、モデルケースとして、高くも低くもない中間的なコース、たとえば春分・秋分の太陽と同じようなコースをとり続けるものとしよう。なお、コースの高低については第四章第三節を参照のこと。

下弦のとき、月は、西の地平線上にある（なお下弦の手前の月は地平の下にあるので考えない）。次の日、出は一時間弱、遅くなるから、月は、西の地平線の少し上のあたりに位置することになり、その分だけ太陽に近づき、形も、前日の半月よりは少しばかり細くなっている。そのまた次の日の正午、月はさらに高く位置し、太陽により近づき、もっと細くなる。さらに次、そのまた次と進めていくうちに、月は、太陽の輝く光の輪のなかに埋没してしまう。朔前後の期間を経て、月は、今度は東寄りの空に位置しているはずである。だが、最初のうちは、太陽に近いこともあり、細くもあり、月は、姿を隠したままであることだろう。月は、半月となるべく次第に太くなり、太陽からも離れ、上弦の手前のあたりから、見えるようになっていく。上弦では、月は、東の地平線に達する。上弦を過ぎると、月の出は、正午に間にあわなくなってしまう。これ以降、次の下弦までは、正午の月は地下にある。

以上のモデルから、正午の月には、二つのパターンがあることがわかるだろう。一つは、下弦の直後、もう一つは、上弦の直前である。それぞれ、下弦のパターン、上弦のパターンと呼ぶことにしたのであった。

下弦のパターンでは、下弦の翌日か、翌々日に正午の月がみられる可能性が高い。上弦のパターンでは、上弦の前日か前々日に期待度が高まる。下弦のパターンで翌々日を過ぎると、また上弦のパターンで前々日よりもさらにまえだと、月は太陽に近づくため見えにくくなる(以上のタイミングからも容易にわかることだが、正午に見える月は、太陽との距離と地平線との距離というトレードオフの関係にある二因子によっていわばはさみこまれており、太陽から離れているほど見やすいのだが、太陽から離れすぎると、地平線に遮られてしまう)。

その他の条件

のべたばかりだが、月は、地上から見て、とおるコースを高くしたり低くしたりするのであった。コースが高いときには、正午の月は見やすくなり、低いときには見にくくなる。少しあとでまたふれるように、この点、上弦のパターンでは春に、下弦のパターンでは秋に見やすくなる。

ところで、これまで見える・見えないとしてきたのは、太陽と月との幾何学的な位置関係からすれば、ということであった。ところが、実際の観察では、大気の状態がかかわってくる。曇りや雨の日は、いうまでもなく不可能なので、始めから除外しよう。だが、一見晴れわたっているような日でも、正午の月となると、困難がともなう。

月は、低いほど地平線の雲や霞やスモッグの影響を受けてしまう。夜の月でも同様であるが、昼の月の場合は、その影響がとりわけ大きく、薄っすらとしたスモッグや黄砂のヴェールでも発見の障害となる。月が高い位置にあると、この逆で、高いほど雲霞の影響を受けにくい。大気の状態という点からすれば、昼の月は高いほど見やすくなり、低いほど発見しにくくなるようである。

さきほど、正午に見える月はトレードオフの関係にある二つの因子によって、いわばはさみこまれている、としたが、ここにも同様の関係がある。つまり、月は、眩しい太陽から離れているほど見やすいはずである。だが、太陽から離れすぎると、地平線の雲霞のために見えにくくなってしまう。

なお、次章第一節でのべることになるように、月はそのコースの高さを一八・六年周期で変える。統計はとっていないが、詳述もしないが、正午の月の見やすさ・見にくさはこの周期にも左右されると考えられる。

実地の観察

結果からのべると、筆者は、大阪で、すでに十回あまり正午の月を見ている。

初めて実際に正午の月をこの目で見たのは、二〇一八年十月三日のことである。ところが、正午にも月は見えるという事実に満足し、その後、観察を怠るようになってしまった。二〇一九年の休みのあと、二〇二〇年になって観察を再開したのは、春と秋とでの出現の仕方のちがい（後述する）という観点から、年間をとおしての見えやすさを確認しておきたいと思ったからである。

事程左様に気まぐれな観察ではあるが、まずは、これまでの結果をあげておきたい。以下の記載は、正午の月を見た西暦での日付、陰暦での日付、正午における月齢（月齢については第四章第三節の［月齢］を参照のこと）、月相（ここでは上弦・下弦の何日前・何日後であるかで示す）、正午での月の方向、高度、の順である。場所は大阪。なお、月の方位・高度は、実測値でなく、天文シミュレーションソフトで確認した値である。本書で使用しているソフトは、「ステラナビゲータ10」（株式会社アストロアーツ）である。

では、上弦のパターンから。このパターンでは、月はだいたい東のあたりにある。それで、方位は、東を基点にして、北へ何度ないし南へ何度と表記することにした。

二〇二〇年三月二日	二月八日	七・五	上弦前日	北へ一一度	一六度
二〇二〇年四月二十九日	四月七日	六・〇	上弦前々日	北へ一一度	二七度
二〇二〇年四月三十日	四月八日	七・〇	上弦前日	北へ一六度	一六度
二〇二〇年五月二十八日	閏四月六日	五・四	上弦前々日	北へ六度	二八度
二〇二〇年五月二十九日	閏四月七日	六・四	上弦前日	北へ一〇度	一六度

二〇二一年一月二十日	十二月八日	六・九	上弦前日	南へ一度	九度
二〇二一年二月十八日	一月七日	六・三	上弦前々日	〇度	二一度
二〇二一年四月十九日	三月八日	七・〇	上弦前日	北へ一六度	二二度

次に、下弦のパターン。このパターンでは、月はだいたい西のあたりにある。そのため、方位の表記は、西を基点にして、南へ何度ないし北へ何度とした。

二〇一八年十月三日	八月二十四日	二三・四	下弦翌日	北へ一三度	一七度
二〇二〇年六月十六日	閏四月二十五日	二四・四	下弦三日後	南へ一四度	二八度
二〇二〇年十月十二日	八月二十六日	二四・七	下弦翌々日	北へ三度	三二度
二〇二〇年十一月九日	九月二十四日	二三・三	下弦翌日	北へ一〇度	一六度
二〇二〇年十一月十日	九月二十五日	二四・三	下弦翌々日	南へ一度	二四度

ここでまず確認できるのは、理想化されたモデルで考察したように、正午に月が見えやすい月相は、やはり、上弦の前日および前々日のあたり、下弦の翌日および翌々日のあたりであるということである（なお二〇二〇年六月十六日の正午の月については別個のケースとして後述）。

春には上弦のパターンが、秋には下弦のパターンが有利である

この観察結果を改めて眺めると、正午の月の見えやすさ見えにくさには季節があるということに気づく。上弦のパターンは、春を中心とした半年間に集中している。下弦のパターンも、データは少ないが、秋を中心とした半年間に集中している。反対に、上弦のパターンは秋を中心とした半年には出現しないし、下弦のパターンは秋を中心とした半年にはあらわれない（なお春と秋のあいだにありむしろ夏至に近いといってよい六月十六日の月については後述する）。以上のことには、月のコースの高い・低いが関係している。

月のコースの高低についての一般論は、第四章第三節〈年間をつうじて月の高度はどのように推移するか〉でなされる。ここでは、そこから引きだされる結果のみ。春、上弦あたりの月は、高いコースをとおる（反対に下弦は低い）。秋には、それが入れ替わり、下弦ごろの月のコースが高い（反対に上弦は低い）。

コースの高さということから、春には上弦のパターンでの正午の月が、秋には下弦のパターンでの昼の月が観察しやすくなる。

コースが高いと、正午の時点で、月は、地平線の少しばかり上に位置することになる（これは月が東にある上弦のパターンでも西にある下弦のパターンでもいえることである）。地平線近くでは雲霞で視界が悪くなりやすいという意味からしても、月は、太陽に近づきすぎない程度に地平線から離れているほうが、見つけやすい。コースが低いと、反対に、正午の月は地平線によっ

て隠される。

月のコースが高いと、そうでないときよりも出が早くなり、入りは遅くなる（当然のことのようであると思われるかもしれないがこれは中緯度地方での現象であり詳しくは第四章でのべる）。上弦のパターンで、月の出がいつもより早いと、前日とはいわず、上弦の当日でも、正午に月はすでに出ている。ただ、上弦当日の正午の月は地平線ぎりぎりであるため実際には見えないことが多い。結局、月のコースが高いと、上弦あたりの観察可能日が多くなる（反対に低いと観察可能日は少なくなる）。

同じことは、下弦のパターンについてもいえる。秋、下弦の翌日とはいわず当日でも、正午、月は沈んでいない。コースが高いことの効果である。

さらには、次のように考えることもできる。コースが高いときには、月は、南中した太陽からいつもより離れたところから昇る、あるいは沈む。具体的には、上弦のパターンでいえば、東というよりも、東北東あたりから昇るため、正午の月は、太陽から遠いところにありうる。反対に、下弦パターンの正午の月も、西とはいえ北寄りであるため、太陽から遠い分、見やすくなる。これも、それぞれのパターンで月が高いことの結果である、といってよいであろう。

以上、春には上弦のパターンで、秋には下弦のパターンで、昼の月を見つけやすくなる。それぞれ、二日続けて正午の月が観察できたこともあった。たとえば、二〇二〇年四月二十九日と三十日、二〇二〇年五月二十八日と二十九日、（少し冬がかっているが）二〇二〇年十一月九日と十日がそうである。

第三のパターン

さて、下弦三日後でも見ることができた、二〇二〇年六月十六日の正午の月に話をもっていきたい。

太陽からも地平線からも遠い昼の月があったとしたら、その月は見えやすいはずである。これは、のべたように、ふつう、地平線から離れるにしたがって太陽に近くなるというテイクオフの関係にある。だが、二〇二〇年六月十六日の正午の月は、そうでなかった。太陽の高度は七八・七度、月は二八・〇度。月もけっこう高いのに、太陽との視角は五〇度もある。

七八・七度という太陽の高さは、夏至が間近であるから、理解できる。だが、月も、二八・〇度とそこそこ高い。下弦三日後といえば、ふつう、昼の月は、太陽に近づき、見えにくくなるはずなのに、この場合、ある程度の距離をたもっている。どうしてこういうことになるのであろうか。

詳しくは第四章第三節でのべるが、夏至のころ、下弦の月のコースは高くも低くもない。下弦三日後だと、コースは、多少変化し、平均よりわずかばかり高くなる。下弦三日後で入りが遅くなることもあり、この正午の月は地平線とのあいだに三〇度近くの距離を置いている。だが、夏至間近の太陽はもっと高かった。このようにして、二つの距離がたもたれ、二〇二〇年六月十六日、正午の月が見やすくなった。

これを、第三の、夏のパターンと呼んでもよいかもしれない。ただし、頻度は年に一回か二回、その他の条件を考慮すればゼロ回といったほどに低いであろう。

フランスの「正午」は奇妙である

以上は大阪での観察結果の話であったが、詩人スーポーが居住したフランスではどうであろうか。だが、そのまえに、何をもってフランスでの「正午」とするのかの検討が必要である。というのも、現在のフランスの場合、時計の正午と、太陽の南中時のあいだには、無視できないほどの差があるからである。

フランスでは、六角形をした本土で、時計の針が十二時を指したとき、太陽が南中している地域はない！　そのとき南中した太陽は、ポーランドかドイツのあたりにいるはずである。真昼の太陽は、パリだと、あと五〇分ほども待たなければやってこない。

どうしてそういうことになるのであろうか。

中部欧州標準時

現在、フランスでは、中部欧州標準時を採用している。(2)　この標準時は、東経一五度での子午線に依拠している。東経一五度といえば、ポーランドとドイツの境のあたりである（ちなみに東経一五度の線はフランス本土のどの地域をも通らない)。

太陽は、その子午線で南中したあと、しばらくたたなければフランスにまでやってこない。パリでいえば、天文学的な意味での正午すなわち南中時が訪れるのは、季節にもよるが、中部欧州標準時による時報のあと五〇分ほど、約一時間してからである。夏時間を考慮すれば、さらに一時間遅れ、午後二時ごろとなる。見方を変えれば、フランスで時計が正午を指したとき、照らしているのは十一時の太陽、夏時間でいえば十時の太陽である。

中部欧州標準時は、EU諸国のうち十七ヶ国が採用しており、EU体制にとって、実用的であり好都合である。この標準時により、東はポーランド、スウェーデン、西はスペインまで、フランスも含めて、同時に正午の時報が鳴る。スペインよりもさらにもっと西寄りの地域を含むモロッコでも同時に正午を打つが、アフリカのことであるから、その基準は、中部欧州標準時とはいわない。

歴史をたどれば、フランスは、二十世紀初頭まで、パリ天文台をとおる子午線にもとづく標準時に固執していた。一九一一年、フランスは、国際会議の結果パリ子午線をあきらめグリニッジ標準時を採用せざるをえなくなった。フランスが中部欧州標準時を採用することになったのは、一九四〇年、ドイツ軍による占領の下においてであった。

一時間というずれは、正午の月の観察にとって、無視できないほどに大きい。ずれを補正するもっとも簡便な方法は、グリニッジ標準時にもとづく正午の使用である(以下ではそのようにする)。それでは、フランス人のプライドが許さないというのなら、中部欧州標準時での午後一時の状態(夏時間なら午後二時)を調べる、とすればよい。結局は同じことなのであるが。

正午の月はフランスでも見られる

フランスは、ほぼ北緯四三度から五一度あたりに位置する。パリは四九度あたり。ちなみに、東京の中心部は北緯三六度弱、大阪の中心部は北緯三五度弱。この緯度のちがいによって、正午の月の見やすさがちがってくる。結論からいってしまえば、フランスでも不可能ではない。だが、条件は、大阪で正午の昼を探すよりも厳しくなる。

フランスで正午の月が見えるかと問うとき、観察場所としては、フランス本土の北限ぎりぎりのダンケルク(北緯五一度)を選ぶのが適当であろう。なぜなら、ダンケルクと大阪で昼の月が見えるなら、その間にあるどんな地方(そのなかにはフランス本土全体が含まれる)でも見えるはずだからである。

だがここでは、北緯四九度のパリをとりあげる。パリは、なんといっても特別な都市であり、スーポーの生地でもあるからである。ダンケルクとパリの緯度の、二度ほどの差は許されよう。滞パリでの筆者には、月の観察という発想も余裕もなかった。それで、ここでも天文シミュレーションソフトを用いる。大阪で見ることができた昼の月が、九時間後にパリの空にもあらわれるかどうかを「ステラナビゲータ」で検討する。中部欧州標準時との時差は八時間であるのだが、さきほどものべたように、ここではグリニッジ標準時との差を考えるわけだから、九時間後ということになる。

結論からいえば、大阪で見えた正午の月は、九時間後、なんと、そのほとんどがパリでも見られそうである。ソフトで調べた結果をあげておく。陰暦での日付は省き、西暦での日付、月齢、月相（とはいっても上弦・下弦の何日前・何日後であるか）、方向（上弦のパターンでは東を中心として北または南に何度か、また下弦のパターンでは西を中心として北または南に何度か）、高度、の順にあげる。

（上弦のパターン）

二〇二〇年三月二日	七・九	上弦前日	北へ九度	一八度
二〇二〇年四月二十九日	六・四	上弦前々日	北へ五度	二七度
二〇二〇年四月三十日	七・四	上弦前日	北へ一四度	一七度
二〇二〇年五月二十八日	五・七	上弦前々日	北ないし南へ〇度	二六度
二〇二〇年五月二十九日	六・七	上弦前日	北へ六度	一五度
二〇二一年一月二十日	七・二	上弦前日	南へ一度	八度
二〇二一年二月十八日	六・七	上弦前々日	南へ三度	二一度
二〇二一年四月十九日	七・四	上弦前日	北へ一二度	二三度

（下弦のパターン）

二〇一八年十月三日　二三・七　下弦翌日　北へ五度　二二度
二〇二〇年六月十六日　二四・七　下弦三日後　南へ二一度　二六度
二〇二〇年十月十二日　二五・〇　下弦二日後　南へ一〇度　三二度
二〇二〇年十一月九日　二三・六　下弦翌日　北へ二度　一九度
二〇二〇年十一月十日　二四・六　下弦二日後　南へ一一度　二三度

パリでの月齢が、大阪とちがっていることにお気づきであろうか。九時間後、パリまで移動したとき、月の年齢すなわち月齢は、〇・三七五（九割る二四）だけ老いている。小数点第一位の値にまるめると〇・三ないし〇・四だけ。この点、大阪とパリでは、比較の条件が同じでない。同条件ということであれば、大阪とハバロフスクを比べればよい。ハバロフスクは、経度が大阪と、緯度がパリと、ほぼ同じだからである。調べた結果、正午の月の高さは、ハバロフスクでもパリでもさしたるちがいはない。

以上の結果から、大阪で見えるほとんどの場合、九時間後、パリでも正午の月は見えそうである。ただし、二〇二〇年六月十六日は別としよう（その訳は続く二つの段落から推察可能なはずなのでのべないでおく）。

高緯度のパリでも正午の月が見られるのはどうしてか

パリでは、緯度が高い分だけ南中時の太陽は低くなる。ところが、昼の月はさほど低くなっていない。このことに驚いた方もいらっしゃるのではないだろうか。低くなっていないどころか、高くなることさえある。

この一見したところ奇妙な現象について理解するには、フランスでの夏の一日の、いつまでも暮れやらぬ感のあるあの長さを思い出してみるのがよいだろう。パリでの夏至の太陽は、北東近くから顔をだし、斜めへとなだらかに昇っていき、六四・五度で南中し、なだらかにくだっていき、北西近くで沈む（日が出ているこの角度の広さは日の長さと対応している）。たいして、大阪の夏至の太陽は、東北東のあたりからでて、急角度で上昇していき、七八・七度で南中し、急角度でおりていき、西北西近くに沈む（ちがいは大阪での夏の日も長いことは長いがパリほどではないことと関連している）。夏至でのこの二つの太陽を重ねあわせてみると、日中は大阪の太陽のほうがパリより高いが、朝と夕方では、パリのほうが高い時間帯がある。位置でいえば、東および西のあたりで、その逆転がおこる。

高いコースの月は、夏至の太陽とほぼ同様のふるまいをする。春を中心とした上弦パターンの高い月も、秋を中心とした下弦パターンの高い月も、パリでの月のコースと大阪の月とを重ねあわせると、一方は東に他方は西に、同様の逆転する地点をもつ。正午の月が見えるのはそのあたりである。大阪での昼の月が、パリでもほぼ同じ高さに見ることができるという、一見したところ奇妙な現象は、このようにして説明される。

条件のよい時期——上弦の月のコースが高い春を中心とした数ヶ月および下弦の月のコースが高い秋の数ヶ月——では、なるほど、パリと大阪では、正午の月の見えやすさにさしたるちがいはないようである。だが、それ以外の季節では、パリでの見えやすさは大きく低下するものと予想される。パリでの低いコースの月は、大阪よりもいっそう低く、滞空時間もさらにもっと短いはずだからである。

＊　＊　＊

さて、スーポーに話を戻そう。「ボンソワール」で「月は真昼になんと美しいことか」としたとき、この詩人は、その真昼の月を現にあるものないしありうるものとしていたのであろうか、それとも、現実にはありえないもの——幻の月だからこそ美しいもの——と考えていたのであろうか。

「ボンソワール」を読んでみよう

まずは、その詩の全部を訳出しておく。真昼の月が、詩全体のなかでもつ意味を考えてみたい。

ボンソワール

月は真昼になんと美しいことか
炉ばたで　夏のこと
風が砂漠にいびきと吹き
おまえらの髪に夜が忍びこむとき

街道沿いに連なりゆく
希望のように植わった樹々よ
想いをかくまってくれる雨
疲れをしらぬ小さな泉よ　眠るかい

灰色の朝に　前日のも　前々日のも
カタツムリどもが付いてくる
ラッパにあわせておれは進む
眠るかい　眠ろうかい

小坊主よろしくまた眠ることにしようかい

夢は果てしない　おまえらは眠る
目を開け　寝乱れて
おまえらの扉が叩かれた
もう朝だ
またもや朝だ

この詩のテーマは、夜と昼、睡眠と覚醒、それが暗示する生と死、そういった二元的状況の狭間にあっての絶望と希望であり、真昼の月は、その一環としてある。「ボンソワール（おやすみ）」という詩の構成からいえば、真昼の月は見えていなければならない、ということが予想される。

テーマの提示部である第一連に注目しよう。一行目「月は真昼になんと美しいことか」の昼の月は、文字通りには、昼に姿をあらわした月である。だが、詩全体を読んだあとで遡行的に解釈すれば、真昼の月とは、昼に姿をあらわした夜、ということになるだろう。

二行目「炉ばたで　夏のこと」は、夏炉冬扇を思わせる。もとより実用品でないことを別とすれば、たしかに、真昼にかかる月も、最良の出番のときではないという意味では、一種、夏炉冬扇である。

三行目は、直訳すれば、「風が砂漠でいびきをかく」である。ゴーゴーという風の音はいびきみたいだ、ということではある。いびきは眠りの縁語であるから、砂漠に吹く風は、昼なのに眠っている、ということになる。砂漠とは過酷な沈黙の場であるはずなのに、吹く風は、ゴーゴーといびきをかいている。

四行目の「おまえら」は、既述のように、第二連の「樹々」、そして「雨」、「小さな泉」(次々とおちてくる雨粒の謂い)の先取りであると思われる。樹々やそぼふる雨が髪にたとえられている。その「髪に夜が忍びこむ」というのであるから、これも、昼への夜の侵入である。真昼の月は、昼の夜であり、炉ばたは、夏の冬であり、風のいびきは昼の睡眠である。オクシモロン的な撞着した要素の組み合わせが詩を構成している。

昼の月、そして朝

以上の詩想からいえば、月が出ているのは、ちょうど十二時でなくてもよい。夜と昼の真ん中あたりの月であればよい。これを、正午の月ではなく、真昼の月としたのはそのためである。真昼を、時点ではなく正午あたりの時間帯ととらえれば、月を目にするチャンスは増すことになる。

スーポーの月は、芭蕉の「手を打てば木魂《こだま》に明くる夏の月」のような淡い月とも、山村暮鳥の「やめるはひるのつき」（後述）のような気だるい午後の月ともちがっている。その月は、失冠した、それでも誇りをなくしてはいない夜の女王の威厳と陰りに彩られている。であるから、それは、朝のとぼけた月であっても午後の眠たげな月でもあってはならない。

だが、詩は、昼と夜のテーマから、朝のテーマへと転調されていく。朝は、夜と昼、睡眠と覚醒の狭間にあって、日々の反復を意識させるときである（その反復は陸続たるカタツムリの進軍によって表現されている）。朝の到来によって、日々の反復が推進されていく（ちょうどラッパにあわせて進むように）。推進された反復によって、スーポーの場合、夜と昼、睡眠と覚醒は、交替するというより、重なりあってしまう。こうして、万物は目を開けて眠るし、人は昼にも夢を見る。

朝は、一般的には、希望のときである。だが、「灰色の朝」は詩人に嘆息をつかせもする。朝にたいするこのアンビヴァレンスは、夜と昼、睡眠と覚醒の混在と同根である。スーポーの真昼の月は、夜と昼のカクテルの味がする。

スーポーはどこかで昼の月を見た

詩人は、生まれ育ったパリで、機会は稀であるが、正午の月を見ようと思えば見ることができたはずである。ただ、詩と生き方でコスモポリタニズム的なところを示したスーポーのことであるから、場所を、出自のパリに、またフランスに局限しなければならない根拠はないだろう。

詩でも、真昼の月が、いかなる緯度のいかなる地から眺められているのか、明示されていない。ただ、三行目の「砂漠」は、もしそれが「人気のないところ」ということの表現でないというのならば、場所特定のヒントとなる。

第二次世界大戦中、スーポーは、チュニジアでの対独レジスタンス運動、逮捕と釈放ののちアルジェリアへ逃げこんでいる。仮に、マグレブで見たかもしれない砂漠の月が詩の背景にある、としよう。とすれば、チュニスやアルジェの緯度は大阪よりも二度ほど高いだけなので、月の見え方はさほど変わらないと考えてよい。いや、地中海気候のために、北アフリカでの正午の月の観察は、大阪よりもしやすいかもしれない。

本節の結論として、スーポーは、パリ、フランス、北アフリカ、少なくともどこかで、正午頃の月を、実際に見たのではないかと思われる。そのような月を見たこと、それを一行目のように実際「美しい」と思ったことが、詩のヒントになった可能性がある。

もちろん、スーポーの月は、詩的に仕組まれた論理に浸っている。「ボンソワール」では、夜と昼の交替のなかにあって、真昼の月は、その二面を兼ね備えているのであった。この役目のために、月は、詩世界では見えていなくてはならないのであった。

とはいっても、真昼の月の出現は、これまでにいつ何度どこで見たかも記憶にないような、今度またいつ見るかもわからないような、稀な現象であることにかわりがないだろう。この点、

「月は真昼になんと美しいことか」という感嘆は、虹が出たときのあの僥倖感に通じている。昼の月との遭遇という僥倖は、詩を貫いている反復的な時のなだらかな流れと、対照をなしている。詩では、昼と夜と朝のテーマが、絡みあい、回転し、反復的で規則的な、長い日々の連なりを作りだしている。「夢は果てしない」「もう朝だ」「またもや朝だ」

有限な永遠感

ただ、「おまえらの扉が叩かれた」という一言が、果てしない反復にも実は限りがあることをしらしめている。ドアのノックは、明示されていないが、何かの合図であるはずである。世界の永遠の反復は有限であるのかもしれないことを、ノックは告げている。なお、この「おまえら」とは、「希望のように植わった樹々」「想いをかくまってくれる雨」「疲れをしらぬ小さな泉」に加えて、前日・前々日から列をなしている「カタツムリども」などのことであろう。それらは、「夢は果てしない」と感じさせる因子であり、世界をまえにした、人間の夢の構成体であるといってもよいだろう。

有限な永遠感をもたらすこのパラドキシカルな世界をまえにして、反復は意味をもつのであろうか。初老の詩人は、眠ることを勧めるばかりである。眠りによる行進の中断、足の休息は、時を停止させはしないにしても、少なくとも休止させてくれる、ということなのであろう。

真昼の月は、たまにしか姿をあらわさないが、その真昼という時間帯は、やはり、夜と昼との規則的な交替の流れのなかにある。その流れのうえに咲いた貴重な花である真昼の月は、それでも、その希少性によって、時の進行を、そして時についての思考を宙吊りにする。スーポーの詩で、真昼の月が美しいのは、一瞬、時を眠らせてくれるからでもあろう。

（1）Philippe Soupault, *Poèmes et Poésies*, Grasset, coll. Les Cahiers Rouges, 1973, p. 252.
（2）『理科年表』二〇二一年版、「世界各地の標準時」、丸善出版、七五頁参照。

四　月の矢は太陽を射るか

満ちていない細めの月は、弓になぞらえることができる。「弓張り月」という表現は、「弓に弦を張った形に似ているところから」（『日本国語大辞典 第二版』）上弦、下弦の月のことをいう。

月の矢とは

弓にたとえられるのなら、その矢についても考えたくなる。月の弓につがえられた矢は、何を狙っているのであろうか。月の矢は、それを照らす太陽のほうを指している、と考えたくもなる。だが、それは本当であろうか。〈月の矢は太陽を射る〉であろうか。本節は、この問いに答えようというものである。

本節では、半月や、それよりも細い月だけでなく、上弦を過ぎたころの、あるいは下弦手前の太めの月をも弓とみなす。射的には適さないかもしれないが、このような弓でも、方向を指し示すことはできる。満月前後と朔前後を除いて、月は方向をもつ。月の矢が示している方向と太陽の位置の関係こそは、本節の関心事である。

矢は太陽からそれる

結論からいってしまおう。月の矢は、太陽のある方向を正確には指していない。月の矢は太陽を射損じる。

そんな馬鹿な、月は太陽の照射で輝いているのだから、正確にその光源のほうを向いているはずだ、月の矢は太陽を射損じることはないはずだ……。これが多くの人の直感でないだろうか（少なくとも筆者は最初そう思った）。だが、観察してみると、月の矢は太陽に届かないことがわかる。

普及書のなかには、月の矢は太陽のほうを向いている、月の矢の方向をたどれば太陽の位置をしることができる、としているものがある。そうしておくほうが、わかりやすいだろう（とくに子供には）。普及書の著者自身がそう思いこんでしまっているとおぼしき場合もある。だが、実際に観察してみれば、月の矢は、太陽という的から、あるいは大きくあるいは小さく、それていることに気づくはずである。

そんな馬鹿な、観察するまでもないではないか、と思う人もいるであろう。思考実験をしてみよう。いまここに、電球に照らされたボールがあるとしよう。その半分は明るく、残りの半分は暗い。観察者の位置によって、輝く半球は、半月、三日月、あるいは片側を失敗したたこ焼きのようにも見えるであろう。だが、どの形であっても、月に見立てたボールの矢は電球を指しているはずではないか、と。

ところが、実際の月の場合は、そうならない。それはどうしてであろうか。筆者は、黄色いビーチボール（何色でもよかったのだが月に見立てるべくたまたま黄色のがあった）を買ってきて、半分を黒く塗り、あらゆる角度から眺めたりもした。だが、ビーチボールはヒントになることなく、そのうち、しぼんでしまった。

地の底の太陽はどこにあるか

月の矢のことが気になりだしたのには、きっかけがある。ある秋のこと、夜中の二時に目が覚めると月が見えた。月は、痩せめの下弦、あるいは、太めの三日月形（正確にはいわゆる三日月を裏返しにした逆三日月形）で、ほとんど東にあり、そこそこ高い。その月の矢は、左斜め下四五度と真下の中間ぐらいのほうを向いており、地平線にぶつかるあたりでは（実はさほどでなかったのだが）北東近くほどまでも延びているようにそのときは思った。

このとき、筆者は、これまで覚えたことのない、奇妙な感じに襲われた。太陽はいま本当に、地の底で、月が指している先のあたりにあるのであろうかと、眩暈のような疑問で頭がくらくらした。月の矢を北東へと、そしてそれを地底へと延長したあたりに、太陽はないのではないか、という予感がふとした。北東方向は、厚い隣家の壁で、見えなかった。いや、たとえ隣が空き地であったとしても、地の底の太陽は見えなかったであろう。いま、見えない太陽はどこにあるのであろう。太陽が昇ってくるのは東のあたりからである。だとすれば、太陽はいま、もう少し東寄りにあってもいいのではないか。なんだか、そんな気がした。ここには思い込みもあったが、これが、月の向きに興味をもつきっかけとなった。

（参考までに、このときの月の状態を記しておく。二〇一八年十月三日、陰暦では八月二十四日、午前二時、大阪。月齢二三・〇。ソフトで再現してみると、高度、三三度。方位は東から三度だけ北。なお、この有明けの月は、眺め続けたわけではないが、明るくなっても空に残ったはずである。このときの太陽の方向については後述）

月の矢の、遠い遠い記憶

観察してみるがよい。月の矢は、時にはわずかに、時には大きく太陽からそれてしまう。だが、観察する以前から、ほとんどの読者の無意識のなかに、月は、拗ねたようにそっぽを向くものだということが、記憶として刷り込まれていないであろうか。その記憶を、筆者と一緒に掘り起こしてみよう。

あなたは、私もだが、昔、小学生だったことがある。あなたは、授業が終わってから、友達と一緒に、おしゃべりし、道草を食いながら家路をたどったことであろう。すると、思いがけなく、青い空に昼の月が浮かんでいたりする。また、もう少したって、あなたは中学生であったこともあった。放課後、物思いに沈みながら、校門を出たあたり、白い昼の月が目に飛びこんでくる。すると、なんとなくほっとした気分になったことを、あなたは思い出すだろう。

午後によく浮かんでいるということから、そのとき見えたのは、上弦ないしはそれを少し過ぎたころの月、北半球ということで話を進めるが、東と南のあいだあたりにある月だったはずである。他方、太陽は、午後であるから、南と西の中間あたりにある。条件にもよるだろうが、両天体の高度はほぼ同じくらいである、としよう。すると、太陽に命中するためには、月の矢は、水平方向に、西を向いていなければならないはずである。上弦前後の月が、南東あたりの空に、ややふくらむかややへこむ形ではあるが、弦の端と端を結ぶ線を垂直にして（対称軸を水平にする姿勢で）直立していたとしたら、印象深かったであろう。だが、そのような記憶はないであろう。そのような現象は、なかったのであるから。

放課後の月は、とぼけたように、そっぽを向いていたはずである。そのとぼけた月は、太陽のある右方向でなく、右上を向いていたにちがいない。空の上方を向いているその月のあらぬ表情が、ほっとした、文字通りうわの空のあなたの気持ちを表しているように感じられたであろう。疑うならば、けだるい午後にでも、月の矢の方向を確かめてみてほしい。

実は、この頃合いの月が、月の矢が太陽からそれる度合いも大きく、時間帯としても観察に適しているケースであることをしったのは、後になってからである。もう一つのケースは、午前にまで南西の空に残る、下弦前後の月であるが、午前中からぼんやり月を眺める人は多くないであろう。

山村暮鳥の月

詩「風景――純銀もざいく」[1]で詠われたのも、おそらく、午後のこのような月であった。

いちめんのなのはな
いちめんのなのはな
いちめんのなのはな
いちめんのなのはな
いちめんのなのはな
いちめんのなのはな
いちめんのなのはな

やめるはひるのつき
いちめんのなのはな

その菜の花畑のなか、「かすかなるむぎぶえ」と「ひばりのおしやべり」（別の連での「やめるはひるのつき」に相当する部分）が聞える。これは、おそらく、小学生か中学生が放課後に道草を食いながら家路をたどるころ、南東あたりに見える、あの上弦、ないしは少しばかり太めの昼の月である。残念ながら、暮鳥は、そのときの月の矢の方向については書いてくれなかったのであるが。

暮鳥は、別の詩「春」で、「麗らかな春のなやみに／菜花畑は眠つてゐる」(2)とする。詩人は、春というやまいを、蒼白い面輪の「ひるのつき」に転嫁した、といえるだろう。

謎解き

月の矢がどういうわけで太陽を射損じてしまうのか、この錯覚は、筆者にとって、解けがたい謎となった。五里霧中とはこのことであろう。月は太陽に照らされている。だとすれば、月の矢は太陽を指していてもいいはずではないか。だが、観察してみると、矢はやはりそっぽを向いている。

手掛かりもないままに、暫くの時が流れた。ただ一つ確かなのは、自然の側に間違いや矛盾があるはずはない、自分がわからないだけだ、ということであった。

座標上での太陽と月の位置が決まっている場合、矢の方向も計算できるはずである。この発想はよかったが、計算能力の不足から、ギブアップしてしまった。

次に、『天文年鑑』の「月のこよみ」の頁に[3]、日毎の「月の欠けている部分の中央点までの北極方向角」が記されているのを見つけた。ただ、赤道座標系（観測者中心の地平座標系とちがって観測される恒星中心の座標系とだけ説明しておく）で示されている「北極方向角」を、月を眺めている任意の地点と任意の時刻における地平座標系での角に変換する計算は、筆者にはできそうもない。仮にできたとしても、その結果は、見たとおりの月の矢の方向をあたえるばかりであろう。観察結果と一致する計算結果としての月の矢は、やはり、そっぽを向いている、という感じを生じさせることであろう。

わかりやすい例

月の矢が、太陽を射なければならないはずなのにそっぽを向いているという奇妙な感じ、この錯覚の解明に役立ったのは、米山忠興の『空と月と暦——天文学の身近な話題』であった。米山も、その「弓の弦と矢」と題した項目で、月を「弓と弦」に見立て、「矢の飛んで行く方向に太陽があるはずである」とはしている。ただ、これを基本原則としながらも、矢の方向に太陽がない例を、一つだけあげている[4]。

その例では、南の空に上弦の月（このシチュエーションでは右半分だけの月）が出ており、太陽はいま西に沈んだばかり、という設定になっている。月は、弦が、直立しているように描かれている（さきほどの南東あたりの月とはちがってこれはありうる現象である）。月の矢は、図の中央（南を意味している）の上方から、右（西に対応している）の下方にある太陽へと、斜め右下へ降りる方向に、点線で描かれている。天球（観察者をお椀のようにおおっているとみなしたときの空）の中心とおぼしき、図の中央下には、一人の少年がおり、考えこんでいる（思案していることは少年に冠されている「?」のマークでわかる）。図の下に「太陽の方向を示す矢印は右下?」とあるのは、少年の疑問を言葉にしたものであろう。

この図の右横に、ほとんど同じもう一つの図が並べられている。二天体の配置は、まったく同じである。ただ、月の矢が、地面に平行な向きに実線で書かれている点がちがっている。その矢は、水平方向に飛んでいくわけだから、右下の太陽を射損じることになる。図の中央の下には、今度は少年ではなく、眼鏡の教授然としたおじさんが立っている。おじさんの頭上の「!」のマークと自信ありげな腕組みのポーズが、これでいいのだとばかりに、地面に平行な矢の方向を肯定している。図の下には、「矢印はこの方向でよい!」というメッセージが書きこまれている。

ヒントは「平行光線」

図に関連した地の文が、この逆説的ともみえる現象の解説となっている。この現象は、太陽が遠いところにある（地球から太陽と月までの距離の比は四〇〇倍である）ことの、つまり、光線の方向が、月および地球にたいしてほぼ同じであることの効果として説明される。米山は、「そのために、〔…〕太陽の光は、ほぼ平行光線と考えてよい。この月に矢をつがえると、地平線にほぼ平行となる」とする。つまり、西に沈む太陽は観察者へ向けているのとほぼ同じ方向の光を月にも送っているわけであるから、南天に浮かんでいる月の矢の方向は水平なままでよい。なるほど！である。

この上弦の例での錯覚は、平行光線ということで説明がついた。だが、他の月相ではどうかという問題が残っている。『空と月と暦――天文学の身近な話題』の著者は、一般論としては、「矢の飛んで行く方向に太陽があるはずである」としているだけである。米山がこう書いたのは、不正確でもわかりやすいほうがよいという、教育的配慮からであろうと推察される。あるいは、「矢の飛んで行く方向に太陽がある」と断言することなく、「はずである」と付け加えたところにニュアンスを読みとるべきなのであろう。

ところで、この「例外」を一般化しなくてはならないと、あれこれ考えているうちに、筆者は、迷い道に入りこんでしまった。詳しくはのべないが、月の矢が太陽を射損じるという錯覚は、地上から月を斜め上方に見上げるときにだけ生ずるのではないか、この錯覚は、地平線、天頂といった基準に頼る、地球に立つ者にとって特有のものではないか、と思うようになった。

津川氏、宇宙旅行へ

地上で重力を受けている人間の上下という方向感覚に付随する空間感覚によって錯覚が生じてくるものなのかもしれない、などと、取りとめもないことを考えるにいたる。この考えを確かめるためには、月の矢を、無重力状態の宇宙空間で眺めてみればよい。出不精の凡夫でありながら、こんなはずみで、宇宙旅行に出かける仕儀と相なった。ただ、高血圧の老人は打ち上げ時のショックに耐えられないはずである。いや、心配ご無用。これは、思考実験であるにすぎないのであるから。

ロケットは、地球から月へと向かう線上を進んでいった（これは宇宙船が動いても月が一定の相をたもち続けるようにするための配慮である）。最初、太陽は見えた（目を保護する必要がある）が、船首方向は死角となっていた。月も見えるようにと、船長に、宇宙船の姿勢を変えてもらう。

窓の外には、折りしも半月が浮かんでいた（半月というのは扱いやすさのための設定である）。太陽は、宇宙船を中心に、月とほぼ直角をなしている。月の矢は、太陽のほうへ向かっているようではある。だが、地上とちがって、宇宙では空間が深く、延ばしても延ばしても、矢は太陽に届かないような感じである。太陽のあたりで、矢先は、まぶしさのために消えてしまう。

見定めようと努力しているうちに、姿勢がぐらつく。無重力のせいである。月を仰ぎ見るような体勢も、月を下方にのぞきこむような姿勢も（これは地上ではありえない！）、どのような姿勢でもとることができる。月の矢も、また上ったり下がったりする。

関与する平面だけを見よ！

上下を繰り返しているうちに、頭のなかに、姿勢の如何にかかわらない、動かない一つの面――月と太陽と自分が乗っている宇宙船の三点で決まる平面――が形成されてくる。ひとたびできてしまうと、その平面は、だだっ広い宇宙空間のなかで、唯一、空間認識の基準であるかのように感じられた。

暗く底知れない空間に、その見えない平面が広がっているのを眺めているうちに、確信したときのあの喜びをともなって、次のような考えがほとばしりでた。月の矢の問題は、実に簡単だ。それは、この平面上だけで解決するはずの、解決しなければならないはずの問題だ。月も太陽も観察者もその平面上にあるわけだから、それ以外を考える必要はない。実に、単純な話だ。

宇宙船から眺めると、たしかに、月や太陽への視線も、月を照らす太陽の光線も、この平面内だけでの出来事でしかないようである。半月の矢も、太陽のほうに向かって走っており、この平面からはみでているようには見えない。地球に戻ってからも、この平面のことを忘れないようにしよう。これが、宇宙旅行の成果であった。

思考実験であるから、その宇宙船は行くのも速ければ、帰りもあっという間であった。地球に戻ったとき、月はまだ上弦のままである。太陽は西に沈むところで、月は南方向にあった。まさしく、米山が設定したあの状況となっている。

情報カードに太陽と月を取りこもう

次なる武器は、市販の「情報カード」である。大きさはそれでなければならないということもないのだが、扱いやすさから、B6（一二八ミリ×一八二ミリ）の情報カードを手にする。これを、例の平面――月と太陽と観察者の三点で決定される平面――の向きに置いてみよう、というわけである。

情報カードを置く目印になるのは、西の太陽から観察者へ届く光線、西向きの半月の矢、そして観察者と月を結ぶ線（月が見える南の上方へと向かう視線）である。この三つの線で決まる面にカードを置けばよい。そうすると、カードは、南の月へ平たい滑り台を駆けあがるといった向きになる。これでよし。その情報カードは、宇宙旅行で窓から見たように思ったあの平面と同じ向きとなっていることになる。

ところで、いま、カードの平面決定をするのに、線を三本も使用したのは使いすぎで、以上の三本のうちの二本で十分である。「交わる二直線」（「太陽光線＋月への視線」と「月への視線＋月の矢」の二つの場合がある）ないし「平行な二直線」（「太陽光線＋月の矢」）で、それぞれ三つの面が決まるが、三つとも、結局、同じ一つの平面である（中学校で習う平面決定条件を参考のこと）。

その情報カードは、月と太陽と観察者の関係を縮尺したうえで、その平面の一部を切りとったものである、と考えることができる。その場合、カードの左下の角に観察者がいて、左上の角に月がある。太陽は、カードにはいりきらないほど遠くにある。そのため、カードの右下隅に仮の太陽（これを太陽αと呼ぶことにする）を置く、という設定をすることにしよう。

いや、太陽はもっと遠いところにある、縮図を作るならもっと横に細長い四角なカードか、正確にはひょろ長い三角形を用意すべきである、という考えがあることだろう。だが、本物の太陽を手前に引き寄せた格好となる太陽αは、月の矢の錯覚を説明するのに便利である。

右下隅に太陽αを置くとき、右上隅にも太陽βを仮定すると、説明上、便利である。つまり、こういうことである。観察者は、西の地平線に、沈もうとしている太陽α（カードの右下隅）を見ている。月の矢が、左上隅から右下隅への対角線方向ではなく、左上隅から右上隅へと進んでいることをその人は不思議に思う。観察者は、このとき、太陽βをも今度は右上隅に想定し、実際の月の矢は、αではなくβの太陽に向かっているとすればよかった。こうすれば、その人は、錯覚の理由を理解し、錯覚から逃れることができたはずである。

これにたいして、錯覚に陥るメカニズムはこうである。例の少年は、太陽βを、カードの右上隅に仮定することなく、右下隅の太陽αに重ね置いた。月の矢が斜め右下に下りてこようとするその矢の先には、太陽α＝太陽βがあった。このとき、少年は、西に沈もうとする太陽を実際以上に近いものと感じていたといえる。月と太陽までの距離の比をどのくらいに感じるかは場合にもよるであろうが、その比が、せいぜい数倍程度（情報カードでは一・四二倍と仮定されている）でなかったとしたら、たとえば十倍、百倍であったとしたら、南の月の矢が西の太陽へと斜めに降りてくるべきだという錯覚は生じにくかったであろう。

このとき、月と太陽と観察者の関係は、情報カードのような長方形のなかに閉じこめられる。観察者は、太陽を遠くに眺めていると思いながら、実は、その遠さを月のオーダーでしか感じていなかった。三者の関係は一つの辺と他の辺が四〇〇倍であるような細長い三角形でなければならなかったときに、手前で、辺の数倍の比でちょんぎったために、擬似的な長方形となり、太陽を二重化しなければならなかったというわけである。

一般化へ向けて

以上は、月と太陽が直角をなす上弦の場合であり、特殊ケースであった。そのことから、直感も働きやすかった。次に、直角とはかぎらない、一般例を取りあげてみたい。ただ、一般例といっても、あまりに漠然としているのも困るので、以下、たとえば、上弦と満月の中間あたりの月を想定して読んでいただくとわかりやすいかもしれない。

一般的ケースでも、まず、月と太陽と地球（観察者）を含む面に情報カードを置かなくてはならない。そのために、観察者が利用することができる方向は三つある。

A　月の向き（月へ向かう視線）
B　太陽の向き（太陽へ向かう視線）
C　月の矢の向き（月の形を二等分する対称軸の向き）

これら三つの組み合わせは三通りある。

まず、「月の向き」と「太陽の向き」（AとB）を利用してみる。この二つの向きは、観察者の目を交点として、「交わる二直線」をなすから、これで平面が決まる。なお、「太陽の向き」とはいっても、直視しないように気をつけたほうがよいだろう。

次に、「月の向き」と「月の矢の向き」（AとC）で平面を決めることもできる。ここで、ちょっとした迷いが生ずるかもしれない。月の矢には、実際には、奥行きがあるはずである（矢は奥へ遠ざかるようにも手前へ近づくようにも飛んでくる可能性があるということである）。ところが、見た目には、その奥行きがわからない。それでもかまわない。情報カードの一辺を、月に向かう視線に合わせる。あとは、それと直角をなす辺を、月の矢の方向に沿わせる。これだと、矢の奥行きを無視することにはならないか、つまり、月の矢が、月を見る視線にたいして直角方向にあたかも天空にべったりと貼りついているかのように延びている、ととらえていることになりはしないか、という危惧が生ずるかもしれない。それでもかまわない。前後方向が適当でよいのは、決定されるべき平面が、真横から眺められているために、奥行きがいわば圧縮されている（二次元的平面が一次元的直線に投射されている）からである。

三番目の組み合わせ、「太陽の向き」と「月の矢の向き」（BとC）は、この二つの線がどこか一点で交わることを証明しないかぎり利用できないので、採用しないでおく。実際問題としても、「太陽の向き」と「月の矢の向き」から両方を含む平面を決定することは、後者の奥行きがわからないだけに、難しい（実は月齢が奥行きの情報をあたえてくれることを後述する）。

使用した二つの線から残る一つの線を推測する　その一

以上、情報カードを置く二つの仕方を提示した。それぞれ、二本の線だけを使って置かれたものである。このとき、決定された平面から、それぞれ、未使用の三番目の線のありかを推測することができる。

まずは、「月の向き」と「太陽の向き」（AとB）による平面決定から。この手順は簡単であるが、太陽のまぶしさを考えれば、気軽にはできないかもしれない。しかし、情報カードをなんとか正しい位置にすえたとしよう。そのカードの横から（カードが線としか見えない方向から）月をとらえれば、そのカードの線が「月の矢の向き」（これが使わなかった推定すべき三番目の線Cとなる）を表していることになる。矢は、北半球では、満月より早いときには右を遅いときには左を向いている。

使用した二つの線から残る一つの線を推測する　その二——情報カードに時計を描いてみよう

次に、「月の向き」と「月の矢の向き」（AとC）による平面決定の場合を考えてみたい。この場合、おそらくはまぶしさのために直視できないでいる「太陽の向き」をしることができる（これが三番目の線Bである）。また、地の底に隠れている太陽の位置までを推定することができる。

下準備が必要である。情報カードに、コンパスと定規で時計の文字盤を書いておく。そのうえで、時計の十二時の線（六時から円の中心を経て十二時へと向かう線）を月に向ける。さらに、月の矢の線を、月が満月よりも若いならば三時方向、満月後ならば九時の方向にあわせる。これで、平面が決定された。太陽を示す線は、この平面内にあるはずである。

実は、これまでの平面決定では、月の形状と関連している重要なファクター、月齢（アバウトには月相といってもいいだろう）が使われていなかった。これがなくても、平面決定はできた。ただ、このとき、月の矢の奥行きが無視されていた。

月の矢には、地上の観察者には感じとることができない、奥行きがあるのであった。月から太陽に向かう矢は、実際には、宇宙の奥へと向かっているかもしれないし、観察者のほうへ迫っているかもしれない。だが、地上の人の目には、月の矢は、空というカンバスにべったりと貼りついているように見えている。

月齢をもちいれば、矢に奥行きをあたえることができる（情報カードに書いた時計の文字盤はそのためのものである）。その先には太陽がある！

つまり、こうである。情報カードの文字盤を、のべたとおり、十二時が月へ向かうようにとすえよう。月が上弦であったとしたら太陽は三時方向に、満月だったら太陽は六時方向に、下弦のときは九時の方向にあることは、理解されよう。きっかりでない場合も、この割合でもって、月齢ないし月相に対応する、文字盤の時刻を計算すればよい。

例題1

簡単な例から。たとえば、夕方、南東あたりに月が出ており、月の矢は、右上方に向かっているとしよう。月相ないし月齢は、月の暦や年表や年鑑などで調べることができる。いま、わかりやすいように、月相は上弦と満月のちょうど中間であるとしよう。その月の矢に、文字盤の書かれた情報カードを当ててみる。月相は三時相当の上弦と六時に対応する満月の中間であるから、文字盤での四時半の方向をたどっていく。そこに太陽が見つかるはずである。

例題2

月齢をもちいれば、月相を使うよりもさらにもっときめ細かな計算をすることができる。月齢を二九・五（朔望月）で割り、一二を掛ければ、時計の文字盤の時間がでる。小数点以下に六〇を掛ければ、分となる。

見えない太陽の位置まで推定できる。たとえば、筆者が月の矢に興味をもつきっかけとなった場合でいえば、のべたように、二〇一八年十月三日、大阪、午前二時。月齢二三・〇。月は下弦をわずかに過ぎたあたりで、高度、三三度。ほぼ東。矢は、左斜め下と真下の中間ぐらいの方向。

さて、そこで月齢の二三・〇を朔望月の二九・五で割り、一二を掛ければ、九・三六時、つまり、九時二二分。例の情報カードを月の矢にあてれば、見えない夜の太陽、地底の太陽の方向を推定できる。カードを手にもったまま、文字盤の向きをかえることなく、ハワイへでも平行移動したら、大地に遮られていた太陽を見ることができる。そして、時計の針が過つことなく太陽を指していることが確認されるであろう。

いろいろなケースで試してみたが、けっこう精度がよい。朔望月の二九・五というのは平均値であるから、その月々での満ち欠けの長さをもちいれば、精度はさらに向上するであろう。だが、太陽の位置を目で確かめる程度であれば、二九・五で十分である。

大きな錯覚、小さな錯覚

ここで、矢がそれてしまうという錯覚には、場合によって程度のちがいがあることを付け加えておきたい。月が細いときには、それ方は小さく、太くなるにつれて、月の矢のそれ方は大きくなっていくように感じられるであろう。満月にいたると矢は消失してしまう。満月を過ぎると逆のことがおこる。月が細くなっていくにしたがって、それ方は小さくなっていく。だが、朔に近づくと月は姿を消し、矢も見えなくなってしまう。

それ方の大小のちがいは、例の情報カードに書かれた時計を眺めただけで直感的に理解されるであろう。月が太いと、太陽は反対側に位置することになり、矢は届かないというふうに感じられやすくなる。月が細いと、両者は接近するため、矢は届いていると感じられやすくなる。錯誤された矢のそれ方が極めて小さい例として、三日月を取りあげてみたい。太陽は、明るいうちは細い月を隠すから、三日月が見えるとき、沈んでしまっている、ということにしてよいであろう。太陽が下にあるとおぼしきあたりの空は、茜色に染まっている。三日月の矢は、直接には見えないが、きっちりと太陽のありかを示している、と思う人は少なくないであろう。だが、厳密にいえば、矢はわずかにそれている。

太陽は、見えないものの、三日月のすぐ下のあたりにある、という感じ方もあるかもしれない。実際には、三日月の矢は、太陽光線がやってきたはるか彼方へ向かっているはずである。その方向は、大地というものがもし透明であったとしたら、観察者が地平線の下に見るはずの太陽とほとんど平行である。だが、太陽が月のさほど遠くない奥のあたりから月の端だけを照らしており、三日月の形は、それを電灯のように照明している太陽の方向をなぞっていると思う人も、いるにちがいない。あるいは、山の端にかかっている三日月は、山のすぐ下にある太陽から横様に光を受けている、というような印象をもつ人もいるかもしれない。こうなると、月も太陽も、幕に吊るされた学芸会の金紙さながら空にべったりと貼りついている、ということになる。

そういう人達が、三日月に光をあたえているはずの太陽の存在を地面の下に思うとき、矢の方向の錯覚に気づくことはないであろう。というのも、三日月と地下の太陽を、同時に見比べる機会はないからである。

地球中心説

以上、月の矢の錯覚が生ずるメカニズムについてのべてきた。その要因は、地球から月までの距離と、太陽までの距離の比を実際以上に小さいとする、つまり、太陽を実際よりも近いとみなす感覚にある。その感覚がどのようにして生ずるものなのか、仮定はいくつかあるのだが、仮定についてはのべないでおく。

精密な観測機器をもたない地球人が、自らの肉眼だけを頼りに天空を眺めた場合、太陽と月までの距離の比がせいぜい数倍程度であると感じるのは、むしろ、自然なことなのかもしれない。一例にすぎないが、たとえば、プラトンの『ティマイオス』の場合がそうである。ここでは、円軌道を描く、太陽、月、そしてその他の惑星が、調和のとれた秩序のうちに配されている。

〔…〕神は、それぞれの星の身体を作ると、それらを異の循環運動がめぐっていた円軌道へ置いた。つまり、七つある円軌道へ七つある身体を置いたのである。そこで、月は地球をめぐる第一の軌道へ、太陽は地球のまわりの第二の軌道〔…〕に置いた。(5)

ティマイオスによれば、天空は、「同」の運動をする外側と「異」の運動をする内側からなっている。そして「内側のほうは、二倍、三倍の比をなす、それぞれ三つずつある合間に従って、六ヶ所で七つの不等な円に分け」られる。(6)太陽と月が配されているのは、合間が二倍、三倍の比をなしている内側の円軌道、「第一の軌道」と「第二の軌道」にである。月が第一の軌道で太陽は第二の軌道であるという、その番号の付し方についてはおそらく大地（地球）から近い順であろうと推察するばかりであるが、いずれにしても、（地上の観察者からの）月と太陽の距離の比は、二倍とか三倍の前後であると設定されていることになる。

プラトン宇宙は地球中心の立場をとっている。七つの天体と地球のあいだのこの調和のとれた距離の比は、その地球中心説（天動説ともいわれる）の要であるといってよいだろう。仮にもし第一の軌道をめぐる月にたいし、第二軌道の太陽はその四〇〇倍も遠いところにある、ということになったら、プラトン宇宙の調和は破られることになってしまう。

ところでまた、例の情報カードでも、太陽と月までの距離の比は、一・四二と設定されていた。二倍でも三倍でもよいのだが、この設定は、地球中心的宇宙の構成と相通じている。このことをもって、月の矢の錯覚と地球中心説が同根であると即断するつもりはないが、ただ、次のことはいえるだろう。

もし、あの少年が、地球中心説の時代に生まれていて、やはり、月の矢について疑問をいだいたとしよう。だが、周囲の人達は、プラトンもその登場人物ティマイオスも、彼に、矢が太陽を射損じる現象を説明できなかったはずである。

反対にまた、太陽も月も大地（地球）をまわっていると誰も彼もが思っていた時代、月の矢を綿密に観察し、そのパラドックスに気づき、その謎を説明するにいたった人がいるならば、その人は、地球中心説に風穴を開けることになったのではないだろうか。というのも、月の矢が太陽を射損じるという現象を説明するためには、太陽を月よりもはるか遠いところに置かなくてはならないからである（地球中心説の時代にそのような人がいたかどうかは現在調査中である）。

地球こそは太陽をまわっているという太陽中心説（地動説ともいわれる）の知識を多くの人がもっている現代にあっても、あの少年のように、例の錯覚に陥る人は多々いるであろう。また、現代人のうちにも、太陽は月の数倍遠いだけである、という感じ方はあるだろう。そういう人達にも、プトレマイオスの時代の人同様の、地球中心主義の素質がある、といえるかもしれない。

あなたにも地球中心主義者の素質があるか？

例の少年にしても、月の矢が太陽に届いていないように感じたのは、矢を十分に延ばさなかったからである。その矢をはるか遠くまでたどっていったとしたら、また、西の地平線に沈もうとしている太陽の方向に視線をどんどん進めていったとしたら、その二つの線の先に、一つの太陽を認めることができたはずである。いったい、少年は、その月の矢が夕焼け空のなかへどれほど飛んだと感じているのであろうか。五キロ、一〇キロほど？　いや、もっと、もっと、見通せているかぎり。しかし、天気がよいとして、どれほど見通せるものなのであろうか。薄赤いながらも透明感のある空の感じからすれば、五〇キロ、一〇〇キロまでも見通せているのかもしれない。ただ、地球のまるさを考えれば、五〇〇キロは無理である（遠方では大地だけでなく大気層もまたいわば落ちこんでいる）。だが、正しい見方としては、少年は、月の矢を、千キロ、一万キロの彼方まで延ばすべきであった。

読者は、この段落（例の少年にしても〜延ばすべきであった）を読みすすんで、なるほどと思ったであろうか、それとも、何か変だと首をかしげたであろうか。実は、ここには罠がしかけられている。なるほどと思った読者はひっかかっている。地球中心主義者の素質がある。再読あれ。

誤りは、月の矢の起点を、実際より近くに設定しているところにある。五キロ、一〇キロと飛び、見通せているかぎり茜空のなかへ入りこんでいくという表現は、矢の起点と進路が大気中であることを想定している。この想定が、誤っている。実際の月の矢の起点は、三八万キロの彼方にある。であるから、実際の矢は、夕焼けのような地球の大気現象とは関係がない。

事程左様に、月の矢には錯覚がつきまとう。実のところ、少年は夕焼け空のなか矢を五キロ、一〇キロ、一〇〇キロと延ばすべきだったと考えたのはまずは筆者自身であった。この夕焼け空の描写がリアルであり、もし読者をひっかけえたとするなら、それは、筆者自身がひっかかっていたからであった。

この節を書き終えたいまでも、午後の散歩の折、南東の空に、右斜め上を向いている月の矢を目で追うとき、その矢が右肩越しに、背後の太陽へと届いているということを、感覚的には不思議に思う。そんなときには、頭のなかに、例の情報カードを置いてみる。月齢の見当をつけ、太陽の方向を割り出し、そして、合点がいく。

月の矢の考察からこう思う。人間は、感覚上では、地球中心主義者なのではないか、と。自分が地球中心的であることに気づきさえしない地球中心主義者なのではないかと。次節もまたこれに関連している。

(1) 山村暮鳥『山村暮鳥全詩集』「風景――純銀もざいく」、彌生書房、一九六四年、九七頁。
(2) 同書、一三九頁。

（3）『天文年鑑』（天文年鑑編集委員会、誠文堂新光社）の「月のこよみ」は、版により頁の多少の変動はあるが、たとえば二〇二二年版だと、一二〇頁。
（4）米山忠興『空と月と暦——天文学の身近な話題』、丸善株式会社、二〇〇六年、三六〜三七頁。
（5）プラトン『ティマイオス／クリティアス』岸見一郎訳、白澤社、二〇一五年、五六頁。
（6）同書、四九頁。

五　着衣の月

一点の曇りもない、冴えた月というものがある。たとえば、次のように詠われた月がそうである。

大空の月のひかりし清ければ影見し水ぞまづこほりける　　『古今和歌集』三一六番

これほどに澄んだ月はないであろう。現代語訳をあげておく。「大空の月の光がさむざむと澄みわたっているので、ついさっきまで月影を映していた水がまず最初に凍ったことだ」[1]

大気という衣

ただ、澄んではいるが、本書の観点からすれば、この月さえもが、地球の空気感のなかでとらえられている。月だけではなく、大気も冴え冴えとしている。地表では、雲や靄《もや》などに妨げられることなく、放射冷却がおこっている。ここで澄んでいるのは、月だけでなく、冷え冷えとした空気もである。

澄明な月を、素月という。素な月、素顔の月。だが、その素顔も、衣をまとっていた。地球の大気という衣を。月は、裸でなかった。

いわんや、朧になったり黄色になったり雲隠れしたりする月が裸でないことは、いうまでもないだろう。吉田兼好が好んだのは、そのような月であった。

花はさかりに、月はくまなきをのみ見るものかは。雨にむかひて月を恋ひ、たれこめて春の行方知らぬも、なほあはれに情けふかし。咲きぬべきほどの梢、散りしをれたる庭などこそ見所多けれ。〔…〕望月のくまなきを千里の外までながめたるよりも、暁近くなりて待ち出でたるが、いと心深う、青みたるやうにて、深き山の杉の梢に見えたる、木の間の影、うちしぐれたる村雲がくれのほど、またなくあはれなり。(2)

月の二つの見方が、ここで、対照的に示されている。一方には、雨や雲といった気象現象、あるいはまた杉の梢や木の間といった地上景物の影響を受けた月がある。他方には、人界とは無縁であるかのような、高嶺に澄んだ皓々たる月、いわゆるくまなき月がある。だが、以上の対照にもかかわらず、どちらの月も大気という衣をまとっている。

ちなみに、極めて遠いということの表現にすぎないのだろうが、「望月のくまなきを千里の外までながめたる」というときの「千里の外」が気になる。仮に「千里」を文字通り四千キロととれば、その月は大気圏外にあることになる。とはいっても、兼好の線引きは、大気の層というものを知っているわれわれとはことなっているだろう。兼好も、何かの影響を被った月と剝き出しの月の対照を考えていたとはいえるのだが。

以上のように、これまで詠われてきたのは、すべて、地球の大気をとおして眺めた月であった。人々が長いあいだ見てきた月は、例外なく、着衣の月であった。これを本当の月だと思いつづけてきたのも、それ以外の月はありえなかったからであった。

剝き出しの月vs昔ながらの月

ところが、その着衣の月に危機が訪れた。アポロ計画が進行していたときのことである。一九六八年には月を周回する軌道から、翌一九六九年には月面から、映像が送られてきた。その月は、醜い岩石の塊であるばかりで、見慣れた昔ながらの月ではなかった。

多くの人が、これまで見たことのない月を突きつけられて、一言いいたくなった。北杜夫の、

「おそらく『月』という活字は不足がちになり[3]」という冗談がまったくのジョークとは思えないほどに、人々は騒ぎたてた。一人ならぬ人士が、それでも月が昔ながらの月であることにかわりはない、という主旨のことを書いた。

円地文子は、「これからは月をみる目が違って来るといった」女友達にたいし、「私のなかの月」と題された随筆で、昔ながらの月を擁護する。

私は、あの宇宙服に身を固めた飛行士が月のまわりを幾めぐりしても、今度の11号の人たちが月面に足をつけても、それは自然科学の歴史の上ではエポック・メーキングな出来事に違いないけれども、仮に人工嬰児が生れて来たとしても（それも可能でないことはないようだ）、ほんとうの赤ん坊がかわいくないはずはないように、子供の時から、夜空にかかっていて、その欠けたり満ちたりする光の美しさを眺めて来た私の目には、月はそのままの月であって、餅をつくうさぎもかぐや姫も結構住わせて置くことが出来るのである[4]。

作家円地文子は餅をつくウサギやかぐや姫にも言及しているが、仏文学者の渡辺一夫も、冗談半分、パリでの月のなかにウサギを探し求めている（第一章第三節を参照）。ここで注目したいのは、パリ留学体験時に見た月についての昔の文に、書いてからおよそ四半世紀後、アポロによる月面着陸に際して、渡辺がことさらにほどこした欄外の注記である。このフランス文学者は、付け加える。

（附記）奇妙にふわふわした文章であるが、色々なことを思い出させる。太平洋戦争は、既に始まっていた。昔見た月は、今でも、同じような感慨を催させる。いくら宇宙飛行士たちが月へ着陸しても、こうした感慨は変らない（5）。

照れであろうか謙遜からであろうか、「奇妙にふわふわした」としながらも、その文が、四半世紀後、仏文学者を感無量にさせる。ユマニスト渡辺のことであるから、関心は、最終的に、月に感慨を催す人間とは何か、にあるといえそうである。とすれば、渡辺の月はやはり人間の月である、ということになるだろう。

昔見た月、昔ながらの月というのは、地上から眺めるということを前提としている。かつてと同様に今後もしばらく、月を見るとすれば、宇宙開発関係者等は別として、地表からということになるであろう。当然、その月は、大気の層の効果を被っている。その層が、無残な石の塊にかけられた優しいヴェールの役割を果たしている。

表面に、ウサギやカエルやロバのような動物であれ、おばあさんの横顔や男の顔であれ、ある特定の模様をつねに認めるということ自体、月を地球から見ているということを前提としている。自転の回数と地球にたいする公転の回数とが同じである効果として、月は同じ面を地球に向けている。地球以外であったら、宇宙のどの地点からであっても、たとえば近いところでは、火星からでも、月に同じ模様を見続けることはできない。つまり、ウサギ云々といった時点ですでに、彼らが念頭においているのは、地上からの月である、ということになる。

吉田健一の月

月についてうるさいことをいいながら、兼好ならぬもう一人の吉田も、結局のところよしとするのは、そのような大気の効果を被った昔ながらの月であった。以下に引用するのは吉田健一の短編小説『月』の冒頭部分である。創作ではあるのだが、その所説は、作者自身の考えとしてよいであろう。主人公萬七が登場するまえにのべられており、少なくとも、この大工の意見でないということはいえる。

ヨーロッパのどこかの諺に月なんて言つたつて要するに生チーズの缺片ぢやないかといふのがある。餘り月を美しいとか神秘的だとか一部のものが持ち上げるのを嘲つてのことであるがこの方が如何にも短兵急であるだけに月は地球と同じ岩の塊で大體の所は球體をなしてゐるといふ風な根據ありげなことよりも月の女神説に對して痛烈である。併し實際の所は月が岩の塊だらうと生チーズの缺片だらうと我々が知つてゐる昔からの月であることに變りはなくて夜が來ると空に昇ることが期待されて滿月の時には輝き、これが地平線

を離れたばかりだと奇妙な赤い色をしてゐてこれが昇るに連れて空が明るくなる。(6)

読点の少ない息の長いくねくねした独特の文体であることもあり、この文の真意に行きつくには、段階を踏まなくてはならないようである。作者が嘲っているのは、月そのものではなく、それを美しいとか神秘的だとかと持ち上げる風潮である。生チーズの欠片という説を持ちだしながらも、月をチーズとして見よ、といっているのではなく、月の「女神説」よりは生チーズ説のほうがまだましということであって、その生チーズ説も切りかえされ、月は、結局、「昔からの月であることに變りはなくて」「地平線を離れたばかりだと奇妙な赤い色をしてゐてこれが昇るに連れて空が明るくなる」、というところに落ちつく。生チーズ云々の諧謔は、「昔からの月」を引きだしてくるための口実であったようである。

健一が観月の趣味そのものを嘲っているのでないことは、短編『月』の登場人物である大工の萬七を、いわば月オタクとして好意的に描きだしていることからもわかる。萬七は、大工でありながら、昼の仕事よりも夜の観月に心を奪われた、月気狂いである。月の愛好者ではあるが、萬七は、「月を美しいとか神秘的だとか一部のものが持ち上げる」、そういった者達とは無関係である。『月』の冒頭部は、月の賛美といえば風流人といった、短絡的な反応への予防線ともなっているといえるだろう。

月光という効果

この小説家は、『月』の登場人物である大工の萬七を、職人としての技を持ちあわせている、趣味人兼庭師に仕立てあげる。萬七は、自分の庭を、月が最高によく見えるようにと造りなおそうとする。「併しただ川が流れてゐて向うに山があるだけでは月に照させるのに缺けるものがある」。それで、木を植えなくてはならないということになる。「萬七の考へでは木は落葉樹でなければならなかつた。それが常緑樹では緑に變化がなくて風情が生じない。〔…〕葉が廣ければそれだけ月の光を受ける餘地があつて冬の枯れ枝が入り組んでゐる纖細な有様にも松や杉の葉は負けた。その全體が月の光を受けて煙るといふ効果を生じることが大事だつた」（八五頁）。健一ないし萬七にとって大切なのは、けだし、月が及ぼす効果であった。

観月に耽溺する人物を創造したとはいえ、作者は、萬七もだが、月を神のように崇拝するのではない。月に酔いながらも幾分醒めたこの姿勢は、萬七が、月というものを初めからその効果とともに、いや、効果そのものとして鑑賞しようとしていることで納得がいく。こう考えれば、作者が、「女神」という月の形而上的イメージを、形而下的な月――「生チーズの缺片」や「岩の塊」――でもって揶揄していることも納得がいく。

月の光が及ぼす効果は、萬七ないしその作者の場合、形而下的であるにとどまらない。吉田健一の趣味は、谷崎潤一郎の『陰翳礼讃』にも通じていく。

寧ろそれ〔注：ものの形〕に陰翳を加へて具體的に、或は日の光で見るのと違つたものをそこに出現させる方に働いてそれで木の葉が女の髪に變つたり木に被せられた布が光つてゐるのを思はせたりする。これは視覺に訴へて來るものと視覺まで届かないものの差が月の光では縮められることで光そのものが想像や聯想を助ける。又それは理由もない物質の尺度に縛られてゐないことであるから快くて萬七の座敷から擴る月夜の眺めはその眺めでありながらそれだけに止つてゐなかつた。併し月の光そのものは變ることがなくてその光が漂はせる幻想も初めからその光の中にあつたものとも考へられる。それ故にその幻想、或は錯覺、或は想像は何れも月の光の性格を帶びて親しげで幽靈も月光を浴びてゐれば優しく見えるに違ひない。（九四〜九五頁）

月の光は「理由もない物質の尺度に縛られてゐない」というが、あえて物的尺度をもちだすならば、光の微弱さこそは、対象の自由なとらえ方を可能にし、想像や連想を助長している、ということができる。右の文は、また、〈月光で個は識別できるか〉の節でも引用すべきであった。微弱な月の光は、対象の質感を変えてしまい、暗さから、その識別を困難にするものなのであるから。

人間化された月

以上、本書で取りあげた歌人、俳人、詩人、作家、文学者が賞賛したのは、すべて、着衣の月であった。なるほど、ほんの一握りの宇宙飛行士は別として、人類には、月を地球以外から眺める機会はなかったわけだから、当然ではある。だが、アポロから送られてきた剝き出しの月の映像を見た者も、その異形の月を、「月」であると認めようとはしなかった。

渡辺一夫、円地文子、吉田健一の三人についていえば、それぞれニュアンスのちがいはあるものの、彼らの「人間的」な感覚が、「非人間的」な無残な月を拒絶した、といえるだろう。フランス・ユマニスムの研究者でありヒューマニストである渡辺一夫の場合は、思想信条として。円地文子は永年の生活感覚から。吉田健一は審美眼でもって。

彼らが生きた二十世紀にあっては、「人間的」と「非人間的」という対立は、心と科学、精神と物質、そしてサン゠テグジュペリを意識するならば、目に見えないものと目に見えるものの対立、といった広がりをもっていたように思われる。本書でいえば、月は、一方では、心で見るもの、見えにくい陰翳をこそ見るべきもの、精神の支えであるべきものである。他方では、月は、物質であり、観測すべきものであり、科学の対象以上のものでない。

この二つの見方の対立は、根深かった。一方をよしとすることで、他方をけなすことができた。たとえば、吉田健一ないしその『月』の作中人物萬七は、天文学では月の豊かさが見損なわれている、とする。

〔…〕もし月の専門家といふものがあるならばそれは天文學者の一種で天文學では月の或る一面しか扱はれていゐない。又月そのものがさうしたこの道一筋を無意味にするのでなければならなくてこの道と言つた所で月は空であり、夜でもあり、又地上、又人間の眼でもあってこれを月の立場から統一するといふやうな器用なことをするその立場が月に全く缺けてゐる。もしそれがあつたならばそれは月でなくて従つて人を魅了することも出來ない。（一〇二頁）

一般人にとっての月の魅力が、その豊かな顔にある、ということには同意できよう。月とは、浮かんでいる空であり、出ている夜という時間であり、照らしている地上であり、それを見ている眼であるという、これら月の顔がすべて人間的であることは、注目にあたいする。月の空は人間が地上から見上げる空であり、月の夜とは人間の生活のリズムのなかで訪れる夜であり、月に照らされた地上とは人間が住んでいる地上である。

たいして、「天文學では月の或る一面しか扱はれていゐない」という。天文学への不満は、煎じ詰めれば、さきほどの言葉を借りれば《物質の尺度》への不信であろう（たいして、天文学者のほうは自分の学問が《物質の尺度》にすぎないとは思っていないであろうけれども）。

実のところ、萬七自身、昼間には指金でもって間尺を測る大工であった。その大工仕事が萬七を疲れさせる。『月』の作者は、自分の作中人物を慮って書く。「晝間は人間の計算が具體的、或は物理的でなければならなくても夜はそれが殊に夜になつてからの萬七ならば具體的であるべき理由が崩れて行く」（九四頁）。

アポロによる月探査の成果が伝えられたとき、一般人も、月は天体であるぐらいのことは知っていただろう。ただ、天体という知識だけでは、地上で眺める着衣の月と宇宙からみる裸の月はちがうという考えに思いいたるには十分でなかった。で、アポロから送られてきた映像は衝撃的であった。ましてや、天体についての知識のなかった人達は、月が、すでにして着衣の月であるとは、夢にも思わなかったであろう。

月は、大気というヴェールだけではなく、言語ないし文化という衣をまとっている。月を月と呼ぶとき、月は言語化し、いわば非物質化する。ウサギやカエル云々とするときも、月は、やはり、神話作用から非物質化している。この二重、三重のヴェールが、月は物質である、という事実を覆い隠してきた。

神話作用のヴェールは、物質を非物質化するのに、ときとして、人間性の名を借りる。かぐや姫は人間ではない、といわれるかもしれない。たしかに、かぐや姫は、人間ならざる存在として神格化されている。ところが、月には人よりもすぐれた存在がいるという神話は、月の世界の神格化であり脱人間化であるとみえようとも、人間による月という物質からの創造という点で、やはり一種の人間化であるといえるだろう。

月の未来

二十一世紀にはいって、人間性を、科学や機械や物質と対峙させるといった論調は、下火になってきた。人間は、科学および、その技術・産物と共生していくしかないという考えが浸透してきたのであろう。人間のうちにも機械のメカニズムがあり、機械もそれを模倣することで人間化する、といったふうに。たとえばまた、人間もまた生化学的反応体であり、人体として、ミクロのレベルで、遺伝子や細胞やタンパク質その他の物質的な部品からなっている、ということへの、健康がらみの関心の高まり、といったふうに。

とすれば、今後、人間的月と物質的月の対立も弱まっていくことであろう。地球人にとって見慣れたあの着衣の月と、宇宙に浮かんでいる砂漠のような月との対比に驚く人も少なくなっていくことであろう。

これまで、月は、多くの詩歌や文章を生みだしてきた。だが、新たな段階にいたって、月に、なおも文を書かせ、詩歌を作らせる力が残っているかどうか。基地を建設し、月や火星を第二、第三の地球にしようとでもいう時代にはいって、月はどのような目で仰がれていくのか、いやそれどころか、月が物思いの対象として再び眺められることはありうるのか。いや、予断はやめよう。月の未来は、これからの世代が作りだしていくことである。

（1）『古今和歌集』小島憲之・新井栄蔵校注、『新日本古典文学大系5』、岩波書店、一九八九年、一〇六頁。

（2）『方丈記 徒然草 正法眼蔵随聞記 歎異抄』神田秀夫・永積安明・安良岡康作校注・訳者、『新編日本古典文学全集44』、小学館、一九九五年、一八八〜一八九頁。

（3）北杜夫『月と10セント』（『北杜夫全集 第一四巻』）、新潮社、一九七七年、一四七頁。また、安東次男編『日本の名随筆58 月』、作品社、一九八七年を参照。なお、この随筆集では、北杜夫の随筆は「月と狂気について」とされているが、これは、単行本『月と10セント』第十一章の章題を採用したもの。

（4）円地文子『円地文子全集 第一六巻』「私のなかの月」、新潮社、一九七八年。引用は、和田博文編『月の文学館』、ちくま文庫、二〇一八年、三三九頁より。

（5）渡辺一夫『渡辺一夫全集 第一〇巻』「月三題」、一九七〇年、筑摩書房。引用は、安東次男（編）、前掲書、一六九頁よりおこなった。

（6）本節での吉田健一からの引用は、すべて、『奇怪な話』「月」、中央公論社、一九七七年、八四〜一〇六頁による。続く引用については、頁のみを記す。なお、安東次男（編）、前掲書、二一九〜二三八頁も参照した。初出の雑誌『海』（昭和五十一年七月特大号）では、他の作家との統一という観点からであろうか、新仮名遣いが採用されている。

第三章　芭蕉の月、蕪村の月

一　芭蕉が明石・須磨で見たのはどのような月であったか

月だからというわけではないのだが、芭蕉のなかでも、昔からとくに惹かれていた句がある。若いころから、筆者は、この句のシュールな感じを面白いと思っていた。芭蕉が、世界的な詩人でありうるとすれば、この句によってであるとさえ感じた。

蛸壺やはかなき夢を夏の月

第一印象

筆者がイメージしていたのは、七月から八月にかけての蒸し暑い日の、涼風がかすかに動きはじめるといった夜の、湿っぽい、赤銅色の満月であった。赤銅色というのも、この月が、シェイクスピアの夢幻劇『夏の夜の夢』、というよりこれにもとづいたメンデルスゾーンの劇音楽『夏の夜の夢』の「夜想曲」を吹く、満月のようにまるい朝顔をもった、その旋律がおそらく満月を模していると思われる、ホルンの色と形である。これには、劇が、誤って『真夏の……』と訳されてきたことも関与している。要するに、筆者は、夏の夜のはかなさをイメージしたのであって、夏の夜と蛸壺の意外な（明石だとすれば意外ではないのだが当時はそう感じた）組み合わせを面白いと思った。

多くの人が、この月は満月であると直感したのではないだろうか。夏の月は低いということは、第四章で詳述するが、本節でものべる。たしかに、覚めやすい夢には、低い夏の満月が似合いであろう。ところが、調べてみると、そうではなかった。

蛸壺への旅

これは、芭蕉が『笈の小文』[1]のなかで詠んだ一句である。この紀行文に当たってみると、句が俳文に挿入されている状況からして、月は、真夏の満月とは少々ちがっている。季節もずれているが、相も異なっている。

当該紀行文は、貞享四年十月二十五日（一六八七年）に江戸を発ち（貞享何年何月何日というように元号をもちいるときは以下も陰暦による日付である）、翌貞享五年四月二十三日、京都にたどりつくまでの、ほぼ半年の旅路に寄り添っている。『芭蕉紀行文集』の「付録――紀行旅程表及び略図」から、近畿にかかわる箇所を引いておく[2]。芭蕉が、須磨・明石で月を見たとすれば、四月二十日の晩から翌四月二十一日の朝にかけての一夜の他にはなかったことが確認されよう。

四月八日、奈良にいる〔…〕。四月十二日、〔…〕誉田八幡に宿泊。四月十三日、大阪に至り、八軒屋九左衛門方に滞在。四月十九日、尼が崎を出航、兵庫に夜泊。四月二十日、須磨・明石を廻り、須磨に一泊。四月二十一日、布引の滝を見物。箕面の滝・能因塚・山崎宗鑑屋敷跡などを巡覧する。四月二十三日、京都に入る。

ただし、その夜、芭蕉が「須磨に一泊」したことについては、結論としてはそうならざるをえないが、検討と解釈が必要である。蛸壺の句は、「明石夜泊」という詞書をともなっていて、蛸のこの名産地で詠まれたという体裁になっていることが気にかかるところである。芭蕉が明石で月を見たのは、惣七宛の書簡によれば[3]、貞享五年四月二十日から四月二十一日にかけて(西暦一六八八年五月十九日・二十日)の夜のはずではある。ただ、同書簡には、明石泊ではなく、「あかしより須磨に帰りてとまる」とある。

須磨か明石かについては、再検討しよう。

つぶれた低い月

その夜の月は、陰暦二十日であるから、満月と下弦の中間ぐらいであった、と見当がつく。句は、最初、漫画などで図案化された円形の蛸の頭とそれに呼応したまるい月を思わせたかもしれない。だが、陰暦二十日、更待であるとすれば、形は、むしろ自らの重さでぐんなりとつぶれた蛸の頭に近かったであろう。なお、その月の満月は陰暦十六日であった（念のため書き添えると十六夜が満月である場合もある）。

ところで、この月は、きわめて低いコースをとおったと判断される。貞享五年の四月二十日夜、明石での月の出は、更待と呼ばれるだけあってけっこう遅かった。西暦では一六八八年五月十九日に当たり、この日付で天文シミュレーションソフト「ステラナビゲータ」を調べれば、出は二二時五八分、入りは翌朝八時三三分。南中は明け方ごろの三時四四分、その高度は二七・八度である。最高高度で、二七・八度であるから、かなりの低さである。

その前日四月十九日、寝待の月は、二六・六度と、さらに低かった。寝待という名のとおり、出は二二時〇四分、入りは朝の七時三〇分である。このとき芭蕉はまだ須磨・明石にはいなかったのだが、注目すべき低さである。

詳しくは、第四章を参照していただきたいのだが、月は、そのコースの高さを、一方では季節、他方では相という二重のファクターにしたがって変化させている。相が進んでいくと、コースの高さも変化していく。つまり、ほぼ一ヶ月のうちにも高い低いを繰り返すのだが、どの相のときに高いか低いかも、季節の進行にしたがって変化する。

夏の満月が低いということは、月の初歩的な普及書にも書かれてある。たとえば、白尾元理著『月のきほん』も、その基本項目の一つとして、「夏の満月は低く、冬の満月は高い」ことをあげている。[4] 夏といっても三ヶ月ほどあるのだが、夏至のころを思っていただきたい。冬の満月のほうも、冬至のころを。

一六八八年の夏至は、六月二十一日であり、陰暦では五月二十四日に当たっている。芭蕉が須磨・明石で月を見たのは、その一ヶ月あまりまえである。このときの月の低さのピークが、夏のように満月ではなく、更待（十九日）となっているのは、わずか一ヶ月ほどではあるが、季節がちがうため、というふうにここでは理解していただきたい。

月は一八・六年周期で高くなったり低くなったりする

それにしても、芭蕉が着いた前日の、明石でのこの二六・六度というのは、かなりの低さである。実は、月のコースの最高高度・最低高度は、さらに、それ自体が、一八・六年周期で大きくなったり小さくなったりする。月は、コースの最高・最低の高度を、年ごとに少しずつ変えてゆくのだが、その上がり下がりが一八・六年周期で変化する（なお言い添えれば月の最低高度が例年よりも低い年はその最高高度が平均よりも高い年でもある、つまり、そのような年には両極端になる）。貞享五年は、月が年によって非常に高くなったり非常に低くなったりする周期のピークに、ごく近かった。以下の段落では、一八・六年周期の変化のメカニズムについてのべるのだが、そのような変化があるということの事実だけ確認すればそれでよいという読者については、以下のアステリスクから次のアステリスクまで、六段落を読み飛ばしてもらってよい。

＊　＊　＊

そのためにはまず、「黄道」と「白道」についてのべておかなくてはならない。地球から観察したときの、太陽と月が星座のなかをとおる道は、太陽については「黄道」、月の場合は「白道」と呼ばれる。この二つの道はわりに近いため、ほぼ同じである、重なっているとみなせば、わかりやすい、本書でも、このような看做しに頼ることがある。たとえば〈正午に月は見えるか〉の「モデルケース」では、そうであった。

だが、黄道と白道は、実際には、少しばかりねじれている。黄道と白道は、互いをちょうど二分割するというふうに、五度ほどねじれながら、二箇所で交わっている。その交点は、毎年少しずつ動き、一八・六年をかけて、月が動く向きとは反対方向に、黄道上を一周する。このねじれのために、月は、約五度の範囲内で、太陽よりも高くなったり低くなったりする（北半球の中緯度でいうなら「高い」は北寄り「低い」は南寄りと言い換えることができる）。

太陽は（北半球でいえば）南の空でもっとも高くなる円弧を描くが、これが南中時での黄道の姿である。その円弧は、季節にしたがって、高くなったり低くなったりする。

月の通り道――白道は、それ自体が上がり下がりする黄道よりも、さらに、わずかばかりどこかで高くなりどこかで低くなる。最大変位の位置は時期によってかわってくる。もっとも目立つタイミングは、月のプラス五度が、太陽が高くなる効果と合算されるときである（あるいは月のマイナス五度が太陽を低くする効果と合算されるときにも目立つといってよいが、マイナスの合算とプラスの合算は、同じ一つの現象であることが次の段落からわかるであろう)。

月の山が五度ほども高くなる時期は、月の谷が五度ほど低くなるときでもある。黄道と白道の差がプラスの方向へともっとも大きくなるところの反対側、角度にして一八〇度のあたりでは差がマイナスの方向へと大きくなる。シーソーの一方が高くなれば他方が低くなるように、黄道の上へとせりあがっているのと反対の、落ちこんでいる他方の側では、白道は、今度はマイナスに働いている自らのねじれの効果によって、例年の低さよりもさらに五度ほど低くなる。つまり、月の山がもっとも高くなる年はまた、月の谷がもっとも低くなる年でもある。

このような極端な年は、一八・六年周期でやってくる。この極端な状態は、二つの輪の交点の移動がゆっくりであるため、頂点となる年を中心に、数年続くと考えてよい。ちなみに、この注目すべき状態の、半周期、すなわち九・三年後を考えてみよう。このとき、白道のねじれは黄道上を半回転しているため、太陽を高くする効果と月を低くする効果、そしてまた、太陽を低くする効果と月を高くする効果は、打ち消しあうといったふうに合算される。このとき、太陽低い月はさほど低くなくなり、高い月はさほど高くなくなる。さらにはまた、極端な年の四分の一周期後(四分の一周期前でも同じことである)を考えてみよう。このとき、月の高低が平均的となることは容易に見当がつくであろう。

＊　＊　＊

一六九〇年――一八・六年周期のピーク

近いところでは、二〇〇六年がこの周期のピーク、極端な年に相当した。それを基準に計算すれば、芭蕉（一六四四〜九四年）の晩年、本書にかかわる期間でいえば、ピークは須磨・明石訪問の二年後、一六九〇年に訪れていたことがわかる。また、全生涯でみると、一六五三年、一六七一年にもピークがあった(5)。

月が極端に低くなる期間（極端に高くなる期間でもある）は、周期が一八年あまりあるため、頂点となる年――いまの場合は一六九〇年――を中心に数年続くと考えてよい。芭蕉のほとんどの紀行文が、この時期に書かれている。『鹿島詣』（一六八七年）然り、『笈の小文』（一六八七〜八八年）、『更科紀行』（一六八八年）、『奥の細道』（一六八九年）然りである。旅行記というより滞在記である『嵯峨日記』（一六九一年京都落柿舎に寄寓）もこの時期に相当している。ただし、『野ざらし紀行』（一六八四〜八五年）は、ピークの手前であるとしたほうがよいだろう。

芭蕉が須磨・明石で月を見たとすれば、一六八八年、その月は最高に昇っても相当に低かった、ということが確認された。須磨と明石を中黒で並べるのは、一〇キロほどしか離れていない二地点での月の見え方はかわりがないと思われるからである。惣七宛の書簡には、「あかしより須磨に帰りてとまる」とあるが、どちらで見ようと、月としてはほとんど同じである。

明石か須磨か

ほぼ同じ月であるにしても、芭蕉が見たのは明石の月であろうか、須磨の月であろうか、はたまた、両方とも見たのであろうか。また、芭蕉が泊まったのはどちらであろうか。ソフトで調べた月の出入りの時刻を参考に、考えてみよう。

既述のように、貞享五年の四月二十日の夜、明石での月の出は、二二時五八分、入りは明くる八時三三分、南中は明け方ごろの三時四四分、その高度は二七・八度であった。他方、須磨での同夜の月もほとんど同じで、出が二二時五七分、南中は翌日の三時四四分、南中時の高度は二七・八度、月の入りは、八時三三分。

すでに引用した旅程で「四月二十日、須磨・明石を廻り」とあるように、この日、明石と須磨の二箇所をまわったとされていることが、事情を複雑にしている。そして、実際に二箇所で月を見たのだとすれば、旅人のスケジュールは、窮屈で、困難で、はては不可能であったろうと思われる。

一方では、明石で月を見たという設定になっている。「蛸壺」の句には「明石夜泊」の詞書が冠されているからである。他方、後述のように、芭蕉は須磨の月をも詠んでいる。それが、一〇キロも隔たった二地点での同じ夜の月である……。

ところで、「明石夜泊」の「夜泊」とは、『日本国語大辞典 第二版』によれば、「夜、船を碇泊させること。夜、船をとめてその中で泊ること」である。船に乗ったのだとしても、芭蕉がそのままそこで一夜を過ごしたのでないことは、「あかしより須磨に帰りてとまる」とあるとおり、明らかである。井本農一・堀信夫のように、「夜泊」を「夜中に船を水辺に停泊させ、その船中にて仮寝すること」であるとすれば、[6]仮寝のあと須磨に戻ったという条件で、明石夜泊と須磨泊は両立可能である。だが、委細は後まわしにするが、スケジュールに仮寝をするほどの余裕があったとは思われない。加藤楸邨は、『明石夜泊』は『明石に一泊して』というのを漢詩的にした言い方」であるとしたうえで、『明石夜泊』はこの句の効果をあげるための仮構である」と、言い切っている。[7]

両方の月を一晩で見るためには、夜間に約一〇キロを移動しなければならない。明石での月の出は二二時五八分、ほぼ十一時である。この時刻からすれば、須磨で月見したあと、明石へ移動し、また須磨に帰ったというシナリオはありえない。仮に、まずは明石で月を見てから走るように戻ったのだとしても、須磨着は午前二時ごろとなる。このシナリオも考えにくい。

結論として、明石見物は昼にした、夜は須磨にいたと考えるのが妥当なところである。

月を楽しむ余裕はなかった

いずれにしても、十一時近くという月の出からすれば、芭蕉に、須磨であってさえ、月をゆっくりと楽しむ余裕があったとは思われない。月見をするどころか、宿にたどりつくと、洗足もそこそこに、朝まで眠ってしまったということがありうる。この観点からして、注目にあたいする句がある。

足洗《あら》てつゐ明安《あけやす》き丸寐《まろね》かな

加藤楸邨は、『笈の小文』にはないが、この句は、その須磨・明石の段に位置すべきものである、としている。「『真蹟拾遺』に「小築菴春湖蔵」として、「月を見ても」・「ほとゝぎす消え行く方や」等『笈の小文』旅中の十二句を並記する中の一つ。他に出典を見ないため多少疑は残るが、まず信ずべきものと考えてよかろう」(九三頁)という。

丸寝(まるね・まろね)とは面白い表現だが、『日本国語大辞典 第二版』には、「帯も解かないで着物を着たままで寝ること」とある。井本農一・堀信夫は、次のように注解する。「旅宿で草鞋《わらじ》を脱ぎ、さっぱりと洗足をすませて部屋に入ると、ついうとうとと、丸寝のまま夏の短夜を明かすことになってしまった。旅籠《はたご》泊り(食費と寝具の損料を払う泊り方)でない限り、旅先の丸寝は珍しくない。ことに夏季はそうである」

月をちらとは見たかもしれない。だが、芭蕉には、観月をゆっくりと楽しむ時間も、精神的・肉体的余裕もなかったはずである。大坂での一句(省略)のあと、『笈』の作者は、いきなり須磨での二句を提示する。

月はあれど留主のやう也須磨の夏
月見ても物たらはずや須磨の夏(8)

タイミングが悪かった

月をゆっくりと鑑賞する、スケジュール上の余裕がなかっただけではなかった。「月はあれど留主のやう也」という感想は、芭蕉が名所を訪れたタイミングも悪かったことを意味する。俳人は、名所須磨に月を訪ねても、主人である月は留主（留守）で、言葉を交わすにはいたらなかった。訪れるべき季節を間違えただけではなかった。更待という月の相もよくなかった。

芭蕉は、『笈』に、秋だったらよかったのにと書く。

此浦の實《まこと》は、秋をむねとするなるべし。かなしさ、さびしさいはむかたなく、秋なりせば、いさゝか心のはしをもいひ出《いづ》べき物をと思ふぞ、我心匠の拙なきをしらぬに似たり。

現代語では、次のようになるであろうか。この浦の本当にいいのは、秋だとすべきものであろう。かなしさ、さびしさは、いいようもなくて、秋だったら心の一端でも表現できようものを、と思ってみる。これも、我が意匠の拙さをわきまえないからだろう。

以上は、芭蕉がその折、月を一瞥《いちべつ》もしなかった、ということを意味しはしない。「月見ても物たらはずや須磨の夏」を信ずれば、見ることは見た。移動中、寝入るまえ、あるいは夜中に目を覚まし、厠へ行ったときなど、月を眺めるチャンスはあったはずである。後述のように、朝、残月を見た可能性はある。だが、気の抜けたようなその残月は数にいれないでおこう。

さえない月の弥縫

洗足の句は、勘ぐれば、芭蕉が明石・須磨でろくな月見をしなかったことの証拠となりうる。俳聖が「足洗てつゐ明安き丸寐かな」を『笈』からはずしたのは、旅程の偽りを隠す目的でないとするならば、不快な記憶の払拭のためではなかっただろうか。だとすれば、その不快感もまた、まともな月見をしなかったことの証拠である。

月のなかごろであったら、いや、せめて三日ほどでも早かったら、月の出の時刻もさほど遅くなく、ゆったりと月見ができたはずである。芭蕉は、『笈』に、その口惜しさをはっきりとは書いてはいない。だが、面白いことに、この紀行文では、月見には恰好な、月のなかごろに須磨にいたことになっている。実際の日程の、理想的であったはずのスケジュールへの変更、旅行記でのこの変更に、芭蕉の口惜しさを、読みとろうと思えば読みとることができるだろう。

卯月中比《うづきなかごろ》の空も朧《おぼろ》に殘りて、はかなきみじか夜の月もいとゞ艶《えん》なるに、山のわか葉にくろみ〔注：黒み〕かゝりて、ほとゝぎす鳴《なき》出づべきしのゝめも、海のかたよりしらみそめたるに、上野《うへの》とおぼしき所は、麦の穂浪《ほなみ》あからみあひて、〔…〕

なお、文中の上野とは、校訂者中村俊定の注によれば、「須磨寺付近一帯の地」である。場所は須磨、時は卯月中比（以下では「卯月なかごろ」とも表記する）である、いや、ということにされている。

旅程をもう一度確認すれば、卯月なかごろ、芭蕉はまだ大坂であった。四月なかごろ、芭蕉は須磨にはいなかった。この結論、惣七宛の書簡にもとづけば行きつかざるをえない結論、この結論に多くの論者がたどりついている。既述のとおり、俳聖が須磨で一泊したのは、四月二十日から翌朝にかけてであり、それ以外ではなかった。

であるから、芭蕉が、須磨での翌朝に、卯月なかごろとされる、このような光景を目にしたとは思いがたい。ただ、紀行文であるとはいえ、『笈の小文』は記録というより俳文であるから、その虚構も詩的効果として素直に受けいれるべきであるという反論があるであろう。そのとおりではある。

芭蕉の屈折

だが、ここでの月の表現には、芭蕉の屈折も読みとらなくてはならないようである。「はかなきみじか夜の月もいとゞ艶なるに」というが、艶なるとは、月への称賛の表現の体裁をとりながら、どうやらそうでもなさそうである。純然たる虚構であったなら、表現を屈折させる必要はなかったであろうに。

一見したところ、いまの引用箇所では、須磨の月は、「いとゞ艶」であるとして称賛されているようにみえる。だが、その直前で、芭蕉は、「月はあれど留主のやう也須磨の夏」「月見ても物たらはずや須磨の夏」と、須磨の月に不満をのべている。

艶は、月への、最大級の賛辞ではないのかもしれない。「此浦の實は、秋をむねとするなるべし」としているときに、この「艶なる」月は、むしろ、「卯月中比の空も朧に殘りて」とあるように、春の朧月を思わせている。

多かれ少なかれ褒める表現であるこの「艶なる」月と「月見ても物たらはずや須磨の夏」における月とのあいだには落差がある。この落差が意味するのは、見たかったものと実際に見たものとのちがいに気づいたときの、屈折であろう。「留主のやう也」の落胆は、その屈折を語っている。

貞享五年四月二十日の夜から翌朝にかけて、芭蕉が見ることができたはずの月は、既述のように、月の出は、二二時五七分（明石では五八分）。南中は、翌三時四四分で、そのときの高度は二七・八度。日の出は、四時五二分。月の入りは、八時三三分である。

最高でも二七・八度というのは、ずいぶん低い月である（厠へ立つのでもないかぎり南中時の三時四四分に起きていたとは考えにくいので見たとしても月はおそらくそれ以下であったろう）。その月は、地平線近くの大気の影響で、黄色っぽく、ひょっとして赤っぽく、暗かったにちがいない。更待であったから、形は、満月と下弦の中間ぐらい。明るさも、満月に比べれば、相当に落ちている。

芭蕉は、これを須磨の月として示すわけにはいけないと思ったにちがいない。四月二十日から翌二十一日にかけてを、卯月なかごろと手なおししたのは、俳諧師としてのプライドのためであるとしたとしても、邪推ではないだろう。

太陽の変化は遅く、月の満ち欠けは速い

手なおしの結果、四月二十一日ではなく卯月なかごろの、月がかかっている須磨の夜明けの光景が麗々しく描きだされた。だが、月と太陽の動きという観点からすれば、面白いことに気づく。芭蕉は、例の引用文で、太陽が引き起こす現象については詳しく書いているが、月については、「いとゞ艶なる」とするにとどめている。太陽の変化は遅いのにたいして、月の満ち欠けは速いことが、これに関係していると思われる。

ここでの夜明けの描写は、けっこう具体的である。季節は初夏。「山のわか葉」には黒みがかかっており、「海のかたより」と夜のあける方角を示し、「麦の穂浪」は赤らんでいる。「しのゝめ」にはほとゝぎすの声を期待する。芭蕉が、これだけ詳しく書くことができたのは、四月二

十一日の朝の光景を、数日まえの月なかごろへと転用することができたためであろう。

四季の変化は緩慢であるため、芭蕉も、須磨の朝の描写を数日ほど動かしても大丈夫であることを見込んでいたはずである。ところが、月となると、そうはいかない。月は、太陽にはない、満ち欠けの変化をする。それだけではない。詳しくは第四章第三節でのべることになるのだが、月のコースの高低変化は、太陽の季節変化よりも、一三倍あまり速い。

卯月なかごろ、芭蕉が、須磨にいなかったことは、のべたとおりである。美的配慮から、そのときの見ていない須磨を描きだそうとしたとき、太陽現象については二十一日の朝の景観を転用したが、さすがに、月については、そうはいかなかった。

月については、芭蕉というその道のプロも、二十日の須磨の月からだけでは、数日前の月の感触までを思い浮かべることができなかった。なるほど、なかごろの月はまるいということ、夜明け前後に沈むということを、芭蕉がしらないわけはない。ただ、当たりさわりのない「艶」という曖昧な語をもちいたのは、実際の卯月なかごろの月を見なかった弱みを繕うためでもあろうと思われる。

艶という語の語感は、多様である。芭蕉は、この語の曖昧さを利用したのであろう。立派なまるい月も艶だが、情緒を感じさせるならば少しばかり欠けた月、どんよりした月も艶でありうる。「月隈なくさしあがりて、空のけしきも艶なるに」（『源氏物語』藤袴）のような澄んだ艶なる月もあるが、「卯月中比の空も朧に残りて、はかなきみじか夜の月もいとゞ艶なるに」のように、ヴェールのかかった艶な月もありうる。

夏の月は皓々としていたか

蛸壺の「はかなき夢」にふさわしいのは、はかなさという句想からいえば、たしかに、月なかばのまるい月であろう。蛸の余命と夢が、夜明けとともに終わるという理屈をとおすためには、出ているのは、そのころに沈む、月なかごろの月でなければならない（ちなみに月なかばをその年の五月十五日＝陰暦四月十六日の朝だとすると須磨で月の入りは四時三二分で日の出は四時五五分）。

加藤楸邨は、句を、「短い夏の夜が明けると海からひきあげられてしまうのもしらず、蛸は壺の中ではかない一夜の夢をむさぼっている。その海上を短夜の月が無心に照らしていることだ」（九三頁）と解説している。そのうえで、感想をのべる。「蛸壺は眼前の海中で深く沈められて、その上に明けやすい夏の月が照りわたっている。蛸壺の中で何の懸念もなく、蛸の夢みている姿がふと胸に浮ぶ。その夢は一夜明ければはかなく破れ去るものだということに深い感慨を催す。明るくさえた月も、明るければ明るいほど、明けやすくはかない夏の月であることを感じさせる」。楸邨のここでのスタンスは、「ふと胸に浮ぶ」「深い感慨を催す」「感じさせる」としている点で印象批評めくが、結局のところ、「蛸への哀憐は、芭蕉の短夜の旅泊の思いと、ひそかに通いあっていたものであろう」（九四頁）とあるように、芭蕉の境涯への共感にあるようである。なるほど、芭蕉が見ることのなかった月は明るかったかもしれない。

井本農一・堀信夫も、夏の短夜は明けやすく、月も夜明けとともに沈んでしまうという見解を共有しており、実際には明石には泊まっていないという惣七の手紙を注でとりあげながらも、「夜泊」を注で「船中にて仮寝すること」としたうえで、「ここ明石の浦に船繫りして、旅寝の楫枕に通う客愁と旧懐の情を侘びていると、明けやすい夏の月はもう中空にあって、この世のものならぬ蒼白い光を投げかけ、海原一面に夢幻の趣を添えている」としている。月は、ここでも、「蒼白い光」を放っているとされる。だが、本書の月学の立場からすれば、句の月は、そんなにも皓々としていただろうか、それほどにも澄んでいたであろうか、という疑問が生ずる。

いずれにしても、句で、読者が想定するように誘導されている卯月なかごろの月というのは虚構である。ただ、俳文の時空だけでいえば、芭蕉は、明石と（一応「明石夜泊」を真に受けよう）須磨におり、ころは卯月なかばである。テクストの仮構のレベルにおいて、出ているのは、「はかなきみじか夜の月もいとゞ艶なるに」というように、伝統的な夏の月である。

要するに、芭蕉自身は、卯月なかごろの須磨での月を艶であると、表現し、思わせようとしている。「蛸壺やはかなき夢」の明石の月も、場所と時間の多少のちがいはあっても、同じく、艶であると読むように、テクストは構成されている。

月と艶ということであれば、芭蕉の句では、「一つ家に遊女も寝たり萩と月」を連想させる。

だが、「蛸壺や」では、艶は、もう少し抽象的な意味であろう。

「月」は「夢」の縁語であった

辞書を調べてみると、『新明解古語辞典 第三版』では、艶を、「人をロマンティックな気分にさそうような、情景の形容語。恍惚美」であると総括したあと、敷衍《ふえん》し、「夢のように美しい」としている。艶とは夢の気分に誘うほど美しいことである、だとすれば、「蛸壺やはかなき夢を夏の月」で、艶なる夏の月は夢に通じている。句で、最初は気づかなかったのだが、「月」は「夢」の縁語、心理的には類義語であった、ということになる。

ロマンティックという語は、横文字にすれば romantique であるとしても、西欧の文学史にいう「ロマン主義の」「ロマン派の」という意味ではないだろう。しかし、若いころ、この句に、なんだかバタ臭さのようなものを感じたのは、壺のなかの蛸を断罪するはずの短夜の月が、無常観にはそぐわない、ロマンティックな雰囲気を醸しだしているように感じられたからなのであろう。

月は「夢」の縁語であるということでの解釈は、月は「無心」であるとする楸邨説と真っ向から対立する。楸邨説では、夢に浸っているのは蛸であって、月ではない。「短い夏の夜が明けると海からひきあげられてしまうのもしらず、蛸は壺の中ではかない一夜の夢をむさぼっている。その海上を短夜の月が無心に照らしていることだ」。加藤楸邨は、夢という妄念にとらわれた有心の蛸を憐れみ、無心の月にも憐れませている。「その夢は一夜明ければはかなく破れ去るものだということに深い感慨を催す」。蛸の命運を高みから見下ろしているかのような、無常を悟っているかのような、それでいて何も語らない無心の月は、楸邨にとって、やはり、明るく、冷たく、冴えていなくてはならなかったのであろう。

反対に、月が夢の縁語であるならば、海上の月は、蛸に、短い夏の夜だからせいぜい楽しめ、快い夢でも見よと、エールないしエネルギーを送っていることになる。「はかなき夢」であるから、蛸への憐憫が句の基底にないとはいわない。ただ、はかなき夏であるからこそ夢を見なければならぬ。楸邨の月は夢を否定しているが、ここでの艶なる月は夢を肯定している。本解釈は、この点、井本農一・堀信夫の「海原一面に夢幻の趣を添えている」月に、幾分、通じている。

本書をこのような解釈に導いたのは、月についての考察である。貞享五年四月二十日の夜から翌朝にかけての月は極端に低かった。芭蕉が須磨で眺めたのは、見ることができたとしてだが、地平線に近いためにさほど明るくない黄色っぽい月、ひょっとして赤っぽい月、相からいって形もややいびつな月であった。満足感を得られなかった芭蕉は、数日ほど遡り、設定を卯月なかごろとし、このものたりない月から、立派な月を創造した。艶というのは、ヴェールで覆われた、貧弱な月を飾る最上の美称であった。「蛸壺やはかなき夢を夏の月」で、芭蕉は、自ら眈りたかった明石での夢を蛸に見させた、といえる。

（1）本節での『笈の小文』からの引用は、すべて、『芭蕉紀行文集』中村俊定校注、岩波文庫、一九七一年（二〇一八年）、六九～九〇頁からなされる。
（2）『笈の小文』にかかわる芭蕉の旅程については、「付録――紀行旅程表及び略図」（同書、一四七～一五一頁）を参照した。
（3）惣七宛書簡については、同書、九三～九八頁を参照。「元禄元年四月廿五日付」とあるのを、「貞享五年四月廿五日付」に訂正した。
（4）白尾元理『月のきほん』、誠文堂新光社、二〇〇六年、四六頁。
（5）詳しくは、巻末の**付録（II）**を参照のこと。
（6）『松尾芭蕉集①』井本農一・堀信夫注解、『新編日本古典文学全集七〇』、小学館、一九九五年、二〇五頁、註一。なお、本節での同書からの引用は、すべて、二〇五～二〇九頁からなされる。
（7）加藤楸邨『芭蕉全句 中』、ちくま学芸文庫、一九九八年、九四頁。なお、本節での加藤楸邨からの引用は、以下、本文中に括弧して頁のみを示す。
（8）「月見ても」と「月を見ても」の二つのヴァージョンがある。井本農一・堀信夫（注解）、前掲書、二〇七頁の註を参照のこと。

二　芭蕉は「方向」音痴であったか

旅慣れていた芭蕉、忍者説さえある芭蕉を、いわゆる方向音痴に仕立てあげようというのではない。本節でいう「方向」は東西南北、方位のことである。すなわち、芭蕉の方位感覚、たとえばどちらが南かというような感覚を問うものである。本節もまた、『笈の小文』の検討である点で前節の続きである。

夜明けの方角が変である

疑問はそのなかの次の一節からはじまった。すでに引用した箇所ではあるが、ここでは、月ではなく、日の方向に注目したい。

卯月中比《うづきなかごろ》の空も朧《おぼろ》に残りて、はかなきみじか夜の月もいとゞ艶《えん》なるに、山のわか葉にくろみかゝりて、ほとゝぎす鳴《なき》出づべきしのゝめも、海のかたよりしらみそめたるに、上野《うへの》とおぼしき所は、麦の穂浪《ほなみ》あからみあひて、〔…〕

お気づきであろうか。問題は、「しのゝめも、海のかたよりしらみそめたる」の部分である。しのゝめが、「海のかたよりしらみそめたる」のだというから、芭蕉は、そのあたりがほぼ東だと思っている、ということになる。だが、それでいいのだろうか。須磨から見れば、海は、東から南を経て西のほうまで広がっている。海に向かって立ったとき、正面方向は、ほぼ南か南南東のあたりである。

なお、「しののめ」は、ここでは、《あけがた。夜明け》ではなく、《明け方に、東の空にたなびく雲》（それぞれ『日本国語大辞典 第二版』の第一項と第二項）の意にとらなくてはならないだろう。「ほとゝぎす鳴出づべきしのゝめ」だからである。

淡路島が、いまでも、須磨海岸から望まれる。(1) 淡路島は、須磨海岸から見ると、南西方向を中心に、南南西から西南西のあたりまで、幅をもって広がっている。この地理的条件を考慮すれば、「海のかた」とは、島の左手あたりであろう（反対に西南西方向まで達している島影のさらに右手、西方向を「海のかた」としたとは思いにくい）。とすれば、芭蕉はほぼ南方向をもって東であると思った、ということになる。

ほとゝぎすの住処

淡路島の姿が、『笈の小文』の芭蕉の目に飛びこんでくる。「淡路嶋手にとるやうに見えて、すま・あかしの海左右にわかる」。島に言及している句もある。しかも、ほととぎすとセットで。

ほとゝぎす消行方《きえゆくかた》や嶋一ツ

これは、『笈』の、「蛸壺や」の二つ手前の句である。この「嶋一ツ」が、淡路島であることに疑いはないだろう。(2)

これを、俳文のなかで考えてみる。そうすると、「ほとゝぎす消行方」(句)と、「ほとゝぎす鳴出づべきしのゝめ」(地の文)が呼応する。「しのゝめ」が、出てきたり消えいったりするところ、ほととぎすの居場所であるということになる。その「ほとゝぎす鳴出づべき」雲井の方向に、島があるという。

なるほど、ほととぎすの居場所である「しのゝめ」は、「海のかた」からしらむというのであるから、淡路島の上空あたりとすることはできないが、そちらの方向に一ツの島影があるというのであるから、芭蕉は、島のすぐ左横のあたり、海岸からみて正面方向、すなわち南のあたりから夜が明けると思っていたといってよいだろう。

須磨の夜明けの光景はなかば作文

知らない土地で東西南北を見分けるのは容易でない。その際、役立つのは、夜が明け、日が暮れる方向であろう。月も参考になるであろうが、ちょうど、出や入りの時刻に立ちあえるとはかぎらない。だが、芭蕉は、肝心の夜が明ける方角を間違ってしまった。

俳聖が、「ほとゝぎす鳴出づべきしのゝめも、海のかたよりしらみそめたるに」と誤ってしまったのは、夜が明けていくさまを実際には体験しなかったからである。須磨の朝の海を、淡路島を見なかったというのではない。須磨の海岸に立ったのは、けっこう明るくなってからだった。証拠がある。

芭蕉は、朝といっても、夜明けにふさわしい灰色でなく、物の色彩感がわかるほどの頃合に須磨の海岸に立った。「麦の穂浪あからみあひて」とある。芭蕉は、「しのゝめ」が「しらみそめたる」ころを想定しているのに、「麦の穂浪」の赤みを感知できている。「山のわか葉」の黒みも、弱い光で緑に黒みがかかるということでなく、新緑が季節の深まりとともに色を濃くしての意だとすれば、明るい光景でなければできない観察である。管見ではこの矛盾を指摘した注釈はないようである。

結局、須磨の夜明けの光景はなかば作文であった、ということになる。なかばというのも、なかばはレポートでもあるからである。芭蕉は、わか葉や麦など山側に見たものを素材にして、時刻は早めたのであった。

その日の須磨の夜明け

その朝は何時ごろにどのように明けていったのであろうか。月はどうだったであろうか。ソフトなどで調べてみよう。

貞享五年四月二十一日、芭蕉が須磨で迎えた朝は、実際には、四時の少しまえにはじまったと考えられる。ここで、夜明けのはじまりの時刻としては、航海薄明を採用する。航海薄明とは、海面と空との境界が識別できる程度の明るさのことで、太陽の高度がマイナス一二度からマイナス六度の状態（太陽が水平線・地平線の下にあることをマイナスであらわしている）であるときがこれに相当する。太陽がマイナス一二度を切る時点が、この日、三時五〇分であった。

航海薄明として夜がしらみはじめるとき、月は、西に傾いているどころか、まだ南にある。ちなみに、このときの月の南中は、三時四四分である。

須磨でのその朝、四時二四分から、市民薄明と呼ばれる段階（太陽高度がマイナス六度を切る）にはいる。市民薄明は、照明がなくても戸外で活動ができる明るさであるといわれる。

この朝、日の出は四時五二分。出の位置は、東から北へ二五度だけ寄っている。ほぼ東北東（二二・五度）といってよいだろう。これは、須磨から見れば、茨木、高槻、京都の方向であり、神戸の海岸の近傍だけでいえば、海岸線が大阪方面へと延びる線である。その線を伸ばせば、芦屋、西宮あたりから豊中へと陸地にはいる。実際には、「海のかたより」でなく、豊中方面、あるいは芭蕉がその日に向かおうとしていた高槻方面、つまり「陸のかたより」しらみそめた。

芭蕉が起きたとき、空全体が明るくなっており、「しのゝめ」はもはやなかった。日の出を見たとしたら、方位の見当がついたであろう。どんよりしていたか、反対にまぶしすぎたか、それとも関心が及ばなかったのか、高度を加えた太陽にも芭蕉の注意が向けられることはなかった。見たとしたら、逆算から、方位の見当がついたはずであるのに。

月が芭蕉の方向感覚を狂わせた

太陽が引き起こす現象は、方位の見当をつけるのに役立つ有力な手段である。これに頼らなかったということは、重要な手段の欠如を意味するとしても、だからといってとりもなおさず芭蕉が南の海のほうを東だと勘違いしたことの説明にはならない。では、その先入観は、どこからきたのであろうか。

結論をいってしまえば、芭蕉の方向感覚を狂わせたのは、二十日の夜から二十一日の朝にかけて、ちらりとは見たはずの、あの低い月である。南に見えた低い月を、芭蕉は、昇ったばかりの東ないし南東の月であると思ったにちがいない。このようにして、海のある南方向を、東、ないし南東と勘違いしてしまうことになった。

つまり、こういうことである。天文シミュレーションソフトによれば、二十日の須磨での月の出の方向は、東を基点として、南に三四度ほども寄っている。三四度といえば、南東（四五度）と東南東（二二・五度）とのほぼ中間ぐらいである。その月はまもなく南に、そして淡路島の近くに移動したことであろう。芭蕉はそのあたりを月の出、そして日の出の方角、すなわち、東であると思いこんだというわけである。

須磨のその夜の月は、ゆるやかな角度で、水平線を這うように昇っていった。出は、二十日の二二時五七分。二三時三二分に高度が五度。二十一日となり、〇時六分に高度一〇度。〇時一二分に南東。〇時四三分、高度一五度。一時二六分、二〇度。二時二四分、二五度。三時四四分に南中、高度二七・八度。

芭蕉が、二十一日の零時台に見たとすれば、月は、淡路島の左手の海上、すなわち南東近くにあったはずである。仮に丑三つ時まで起きていたとしても、月はまだ南、淡路島の上空あたりである。

三時五〇分に航海薄明がはじまる。四時二四分、市民薄明へ（日の出は四時五二分）。五時七分で二五度。六時四分には二〇度。六時四八分、一五度。七時一四分、南西にいたる。一〇度、五度を切るのは、順に、七時二五分、七時五九分。

月の入りは、八時三三分。沈む方向は、西を基点として、南に三三度。すなわち、南西と西南西の中間あたりである。

前節でのべたとおり、一六九〇年を中心としてだが、一六八八年は、月のコースが特別に低くなりうる時期に当たっていた。貞享五年四月十九日の夜、月は、その効果で極端に低かった。翌二十日の月も、その低さを引きずっていた。

南東方向に見た低い月を、また、ひょっとして夜中に厠かなにかで覗いた南中前後の南の月を、芭蕉は、昇ったばかりの月であると思った。そのために、芭蕉は、その南東ないし南を、月の出の方向と勘違いし、東のあたりと判断した。芭蕉が、須磨で方向を見誤ったのは、このようにしてである。

芭蕉の思い違いには、貞享五年は（その前後も含めてだが）月のコースがとりわけ低くなる年であったという条件がかかわっている。また、芭蕉が須磨・明石を訪れた五月（陰暦四月）は、月相でいえば、満月と下弦の中間あたり、寝待のあたりが低くなる季節であった。このような偶然が重なって、芭蕉は、「方向」音痴となった。

（1）須磨海岸からの淡路島の眺めについては、玄善允氏よりいただいた数葉の写真、および、地図を参考にした。氏のご教示がなければ、私自身、道を見誤るところであった。多謝。

（2）たとえば、加藤楸邨も「淡路島であろう」としている。『芭蕉全句 上』、ちくま学芸文庫、一九九八年、九二頁。

三　御油・赤坂の句の「作者」はどこにいたか

芭蕉には、前々節の「蛸壺や」の句にも劣らない、魅力にあふれた夏の月の句がもう一つある。この句は、「はかなき夢を」の繊細さに加え、天体の動きの力感をも備えている。

夏の月ごゆより出《いで》て赤坂や

（以下わかりやすく「夏の月御油より出でて赤坂や」と表記する）

なお、標題でいう「作者」は、即芭蕉ではないということに留意していただきたい。それは、句の中心にあって情景を見渡し、観察し、味わうことのできる位置にある者のことである。「作者」という語のこのような使い方は、とくに断りはしなかったが、すでに第一章でおこなってきたところである。(1)

地名の色彩感

御油と赤坂は、東海道五十三次の宿駅である。この地名について、加藤楸邨は、「御油から出る赤い月の感じを『赤坂』という地名にかけた(2)」ものであるという。赤坂という地名の赤が、多少とも赤みをおびた昇りたての月の色を連想させる、というわけである。また、愚考すれば、御油の油は、ねっとりとした（少なくともさらりとしていない）夏の月の表情をあらわしている、いうことにもなろう。

この句の色彩感に言及している一人として芥川龍之介を忘れるわけにはいかない。「夏の月を写す為に、『御油』『赤坂』の地名の与へる色彩の感じを用ひたものである」。ただ、いうまでもないとでもいうように、説明は省略されている。龍之介が賛するのは、この「寧ろ多少陳套の譏りを招きかねぬ」技法よりも、むしろ、句の「調べ」のほうである。「しかし耳に与へる効果は如何にも旅人の心らしい、悠悠とした美しさに溢れてゐる」。結局、「芭蕉の俳諧を愛する人」はその「調べ」を聞きとる《耳》をもたねばならぬ、というのが芥川の主張である(3)。

山本健吉も、地名の色彩感に注目している。「御油・赤坂の地名と『夏の月』とが、匂い・うつりの関係に立って、微妙な照応を見せているのである。夏の短夜の街道筋の風景が、ある色彩感をもって浮かび出してくる(4)」。健吉は、ボードレールの《照応》（コレスポンダンス）を示唆しているのであろう。

ただ、本節では、《耳》でも《匂い・うつり》でもなく、赤坂と御油と月の幾何学的関係について考えてみよう。

この句には作者の居場所がない？

まず、地理をおさえておくと、御油と赤坂は、東海道五十三次での隣りあった宿場であり、その距離（十六町すなわち一・七キロほど）は海道のうちで最も短い。多くの評者が、宿駅間の距離の短さということから、この句に、《譬え》を仮定している。

加藤楸邨は「実景をよんだものではなく、比喩的媒介をとって仕立てた句である」とする。井本農一・堀信夫も、「短い夏の夜は明けやすく、空ゆく月もわずか御油を出て赤坂にはいるほどの短距離しか渡らない」と、《空ゆく月》なる「和歌以来の伝統」を持ちだす。(5) さきほどの山本健吉も、「〔…〕この両駅のあいだは十六町しかなく、五十三駅のなかで距離がもっとも短いので、夏の夜が明けやすく、月の出が短いのを譬えて言った」としたうえで、「それだけの理窟なら、つまらない句だが、芭蕉が晩年に自讃したのは、それだけに止まらない、別の情趣を引き出していたからだ」と、《微妙な照応》や《色彩感》の情趣に注目する。

評者達は、夏の月を、低いとして、明けやすい夏の短夜と関係づけている。たしかに、前々節でものべたように、また第四章で詳述するが、夏の満月前後のまるい月（宿をとる夕方ごろに昇る月はまるいと考えてよい）は低い。まずは、このことを確認しておきたい。

さて、句は、二宿場間の距離の短さによって夏の月のはかなさをたとえたものであるとするならば、楸邨の言い方では、「実景をよんだものではな（い）」ということになろう。なるほど、これらの評者達も句の解釈をこの非現実的な譬えに還元してしまうことに満足はしていない。加藤楸邨は、「遊興地の御油どまりだった旅人が、たった十六町の赤坂で留女の手に引止められてしまう」という説を持ちだす。井本農一・堀信夫は、渡る月の譬えを、伝統で裏打ちする。山本健吉は、句の魅力を「別の情趣」に見出す。だが、結局、譬えであるとするかぎり、句は実景であるという見方は斥けられていることになる。それでよいのかどうか、検討していこう。

この譬えを、一旦、真に受けて、そのうえで、作者の視点がどこにあるのかを考えてみよう。すると、作者の居場所がこの地上にはないことがわかる！　もともと譬えなのであるから、この構図自体、パラドクシカルであっても仕方がないのではあるが。

第一に、作者の目は、赤坂にも御油にもない。赤坂にいたとすれば、赤坂に沈む月を見ることはできない。御油にいるとすれば、御油から昇る月を眺めることができない。

第二に、作者は、御油と赤坂を結ぶ街道の中間地点にもいない。というのも、街道筋から、沈む月を赤坂の方角にとらえることはできない、そのような月はないからである（月が沈む方角については次の小見出しで）。

第三に、街道の外に出てしまったらどうか。すると、ちょっと困ったことになる（赤坂に沈む月を見る地点を探しあてることができたとしても今度はそこからは御油の月の出を見ることができなくなるということなのであるがこのパラドックスについても詳しくは次の小見出しでのべよう）。

結局、以上のような譬えを持ちだすとき、この句には、作者の立ち位置がないということになってしまう。少なくともこの地上には。

唯一、可能な視点を仮定できるとすれば、高みからの鳥瞰である。月は、譬えの構図として、いわば御油を起点とし赤坂を終点とする円弧を描いている。地上からは無理だとすれば、この構図の外にあって鳥瞰している目だけが、赤坂と御油と月の円弧を同時にとらえることができる、といったらわかりやすいであろうか。このような発想が芭蕉自身にあったかどうかは、のちほど検討しよう。

向井去来に、この《譬え》のとらえ方の典型をみることができる。芭蕉の愛弟子は、師の句を、おそらくは誤って、

御油を出てあか坂までや夏の月

と伝えている。このように変形されると、月は、御油から赤坂まできれいな円弧を描き渡っていくが、整理された分、面白味がそぎおとされてしまった。この平板化は、去来が、師の句を、自分流に理解した仕方でこう「再現」したものではないか、という推測を生む。去来の単純化は、余人もまたそう読むかもしれない可能性を暗示している。

去来伝のこの句は、本節での句のヴァリアントであるとも一応みなせるが、芭蕉作であるか

どうかはあやしいとされている。『芭蕉俳句集』の校訂者中村俊定は、次のような注をほどこしている。『夏の月』の編者一定の自序によれば、去来より示されたものという[6]」。井本農一・堀信夫も《疑わしい》としている。

御油・赤坂間に月が円弧を描くという構図では、（少なくともこの地上には）作者の居場所がない。作者は御油にも赤坂にもいることができない。去来伝の句の細い感じは、句中で句を詠み風趣を味わっている主体、「作者」の存在感が希薄であることからくる、といってよいであろう。

赤坂に沈む月は御油からは見られない

東海道は、江戸から京都に向かう順でいえば、二川、吉田、御油、赤坂、藤川、岡崎あたりで、南東から北西に延びるほぼ一直線になっている。つまり、御油は赤坂の南東にある。

赤坂からは、まるい夏の月が御油方向から昇ってくるように見えるときがある。その月は、東南東から昇る、低い月でなければならない（低い月の出の位置が東を基点として南寄りになることは第四章第四節〈月はどこから昇りどこに沈むか〉を俟たないでも理解していただけよう）。さすがに、月が南東ほどにも南寄りから出ることはないが、東南東あたりから昇った月は、少しばかり経てば、南に移動し、南東から昇ったように見えるであろう。

沈む月に移ろう。

さて、東南東から昇った夏のまるい月は、西南西あたりに沈む。言い換えると、御油から見て、その月は赤坂の方角、北西方向には沈まない（夏のまるい月だけでなくいかなる月も御油では北西に沈まない）。その月が赤坂に沈むところを見ようと思えば、西南西のちょうど反対側、東北東あたりから望まなければならない。赤坂の東北東といえば、街道の外である。句の作者は、酔狂なことに、街道から道をはずれたとしよう。ところが、困ったことに、道はずれからは、今度は、御油から昇る月を見ることができなくなってしまう。（ちなみに、赤坂からは、南東にある御油への月の入りを見ることができない。また、御油からは、北西にある赤坂からの月の出を期待することはできない）

角度の仔細については、次の小見出しを参照していただきたい。

芭蕉が見たかもしれない月

さて、その御油・赤坂あたりで月はどのような動きをするものなのか、本書の月学の立場から、具体的に検討してみたい。芭蕉は、実際、御油方面に昇る夏の月を見たのであろうか。見たとすれば、どこからであろうか。仮に赤坂であるとして、そこから、御油方面に夏の月が見られるのはいつごろであろうか。

時でいえば、この句は、延宝四年（一六七六年）、伊賀上野への帰省の途上で詠まれたものと考えられている。『蕉翁全伝』によれば、六月二十日（陰暦）ごろには故郷に着いている。(7)

そこで、場所は御油・赤坂のあたり、時は延宝四年六月のころということで、月を、天文シミュレーションソフトにかけてみよう。現在でいえば、場所は愛知県豊川市、時は西暦一六七六年七月のあたりに相当する。

句の月は低い、ということは繰り返すまでもないであろう。このころ、月がもっとも低くなるのは陰暦六月十二日（陽暦では七月二十二日）である（月が高くなったり低くなったりするタイミングについては第四章第三節で説明することになるがここではソフトであたえられた結果としてそのまま受けとっていただきたい）。十二日、月の出は一六時二六分。出の方角は、東を基点とし南方向に測って二九・〇度。方位でいえば、二九・〇度は、南東（四五・〇度）と東南東（二二・五度）の中間あたりである（ちなみに、そのごく低い月が沈むのは、翌十三日の二時三〇分。西から南に向かって二八・五度。南西と西南西のあいだである）。

月がもっとも低いときでも、豊川市で、月の出が南東ほどまでに南に寄ることはありえない。ただし、東南東からの、また（二九・〇度と例示したように）東南東と南東のあいだからの月の出はありうる。夏、東南東あたりから出た月は、まもなく南東の空へと達するであろう。そのような月は、赤坂から見ると、「御油より出でて」と見える可能性があることは、のべたとおりである。なお、月の出入りの方向については第四章第四節も参照のこと。

延宝四年陰暦六月の月の出、およびその月が南東に達するときの時刻と方向は次のとおりである。日付（陰暦）、月の出の時刻、月の出の方向（東を基点とした南方向への角度）、月が南東（四五・〇度）にさしかかる時刻（御油方面に見える時刻）、南東時での月の高度の順で書く。

日付（陰暦）	出の時刻	出の方向	南東時刻	南東高度
六月十一日	一五時二三分	二八・六度	一七時〇八分	一六・〇度
六月十二日	一六時二六分	二九・〇度	一八時〇九分	一五・六度
六月十三日	一七時二三分	二七・二度	一九時一七分	一七・七度
六月十四日	一八時一三分	二三・六度	二〇時二六分	二一・五度
六月十五日	一八時五五分	一八・四度	二一時三六分	二六・九度
六月十六日	一九時三二分	一二・三度	二二時四四分	三三・三度

日没は、このころ、十一日で一九時〇一分、十六日で同〇二分である。明るいうちに南東に達する十一日と十二日の月は除こう。また、出の方向を東南東（二二・五度）からさらに東の近く（一二・三度）まで戻してきた十六夜の月も除外しよう。

残るは、六月十三日、十四日（小望月）、十五日（満月）の月である。このあたりの月は、東南東あたりから出て、宵の口に南東へと達する。この三日間、赤坂にいる人は、大雑把に、御油方面から月が昇ったと思うことができるであろう。

既述のように、芭蕉は、六月二十日ごろには伊賀上野にいた。江戸からの帰省の途次、芭蕉が、六月十三日、十四日、十五日のあたり、赤坂に宿泊し、御油方面に夏の月を見たという可能性は高い。宿泊日を限定することについては、慎重さが必要とされるところであろう。

ただ次のことはいえる。この時期、実景として、赤坂から御油方面に、夏の月の出を見るチャンスはある、と。

御油と赤坂は、対称的か非対称的か

赤坂からは御油方面にまるい夏の月を見るタイミングはあるのに、御油からは赤坂の方角に（出も入りも）月が見える機会は皆無である（「赤坂に沈む月は御油からは見られない」参照）。両宿場の配置は、月を見るうえで、同等の資格をもっていない、あるいは非対称的である、ということができる。反対に、去来が考えた図式、また、評者達が《譬え》とした構図は、いわば対称的である。月のコースを非時間的な図形としてとらえれば、起点御油と終点赤坂は、月の弧を形成するために選ばれた、同等の資格をもった二点である――これをもって、対称的であるということができるであろう。

結局、御油と赤坂の月の関係は、解釈の構図では対称的であるが、実際の月の動きからは非対称的である。結局、われわれは、掲句を、対称的としたらよいのであろうか、非対称的とすべきなのであろうか。

芭蕉自身はどう考えていたか。去来由来のもののほかに、もう一つあるヴァリアントを参考にしてみよう。

夏の月御油より出《いで》て赤坂か

この句形だと、赤坂は、月の行き先ということになる。月はいま御油から昇ったが、この月は赤坂まで行くのであろうか、というわけである。つまり、このヴァリアントは、御油と赤坂をなかば対称的であるとみなしているといえる。なかばというのも、句末の「か」の疑問形によって、「御油より出て赤坂」という月の行程が宙ぶらりんにされているからである。

作者の立ち位置は、赤坂としてよいだろう（御油と赤坂のあいだの街道上であってもよいがほぼ同じことである）。赤坂の泊り客が「赤坂か」と問うとしたら、あの御油の月はそのうちこの赤坂のあたりまでやってくるのかなあ（街道上でなら、向かっているのかなあ）、ということになろう。この場合、月の入りまでは想定されていない。つまり、円弧は半分しか描かれていない。

このヴァリアントは、不完全ながら円弧を示している点で、芭蕉が、御油と赤坂の対称的な配置にもこだわっていたことを意味しよう。だが、沈む月を想定しないという点でなかば非対称的な構図にもこだわっている。

では、どちらなのであろうか。

地名＋や

そのヒントになるのは、切れ字の「や」である。

下五に「や」がつく句は多くない。珍しいといってもよいであろう。だからであろうか、「夏の月御油より出でて赤坂や」と、句の最後に置かれた切れ字の「や」には迫力が感じられる。

切れ字の「や」の用法、ニュアンスは多岐にわたるであろうが、そのなかでも、《地名＋や》のニュアンスはいかなるものであるのか。今回、芭蕉の発句のなかから、その用例を拾い集めてみた。結論は、「赤坂や」の「や」は、作者が切れ字で提示されたその場にいるということ、現場性をあらわすというものである。

たとえば、「象潟や雨に西施がねぶの花」で、作者が象潟にいることを疑う余地はないであろう。同じく芭蕉の「駿河路や花橘も茶の匂ひ」「中山や越路も月はまた命」「須磨寺やふかぬ笛きく木下やみ」の場合も、作者がどこにいるかは明らかである。それは、「や」で示された場所、すなわち駿河路、（越の）中山、須磨寺にほかならない。

つまり、掲句は、「夏の月が御油より出てきた。私はいまここ赤坂にいる（そしてこの赤坂から月を眺めている）」ということになる。「赤坂や」の「や」は、作者がいま赤坂にいるという情報をあたえるものであると同時に、赤坂にいるということの作者の感慨をあらわしている。

掲句は赤坂から見た実景でありうるとのべたが、このことが、以上の前提となっている。

（書き添えておくと、句の《地名＋や》がすべて現場性を意味する、というのではない。芭蕉には、句の

《地名＋や》で提示された場所に作者がいない例も見受けられる。そういう句の場合、作者が現場にいない理由が句そのもののなかに、あるいは詞書などのパラテクストのうちに示されている。たとえば、「思ひ出す木曾や四月の桜狩」では、木曾が思い出の対象であることは、句想からわかる。「難波津や田螺の蓋も冬ごもり」では、難波津が門人濱田洒堂の移住先であること、その洒堂への贈答句であること、慣れない大坂で「牛にも馬にも踏まるゝ事なかれ」と、詞書で心づかいを示していることなどからわかる。「あつみ山や吹浦かけて夕すゞみ」で、温海山が、作者の居場所ではなく視線の対象であることは、あつみ山と吹浦が並列されていること、また夕涼みという状況から判断できる。なお、「汐越や鶴はぎぬれて海涼し」の場合、「汐越」は、地名としては作者の居場所を、汐が越してくるところの意の普通名詞として読むならば視線の対象を、というように二重の解釈が可能であろう。以上、特別な理由や状況が示されていないかぎり、作者は、《地名＋や》で提示された場所にいる、と判断してさしつかえないものと思われる）

結局、「夏の月御油より出でて赤坂や」で、赤坂は、《地名＋や》の現場性ということから、御油とは非対称的である（形式的にみただけでも切れ字のついた赤坂と切れ字のつかない御油が同等だとは思われない）。御油は月が出る場所であるが、赤坂は月を見る地点である。だとすれば、「夏の月御油より出でて」は実景である、という読み方が語のレベルでも可能となったわけである。

以上の解釈は「実景をよんだものではなく」とする楸邨説に真っ向から対立する、と言い切ってしまうのは早計である。句の構図は実景ではない、《譬え》であるという解釈は、それでもまだ、消し去りがたく残っている。御油から赤坂へと架かっている円弧という対称的な発想は、「夏の月御油より出《いで》て赤坂か」の芭蕉自身にも窺うことができた。

ただ、去来伝の「御油を出てあか坂までや夏の月」のようにしてしまうと、句は月の行程にかかわるだけで、面白みがなくなるのであった。反対にまた、たんに、(切れ字で提示された場所、赤坂で)御油から出る月を見た、とするのも素っ気ない。単純なこの二つの句想の巧みな結合が、句末の「や」で実現した。

仮にもし、「赤坂や」を冠に、句を「赤坂や御油より出づる夏の月」と変形してみたらどうであろうか。これだと、句の実景性は明確化されたが、御油から赤坂へというラインは消えてしまう。掲句のように「夏の月御油より出でて赤坂や」と、《地名＋や》を座五に下ろすと、今度は、「御油より出でて赤坂へ」という読みも誘発されることになる。

つまり、句末というあまりみかけない位置のこの「や」は、作者が赤坂にいるという現場性(ひいては赤坂は観月の、御油は月の出の場所であるという非対称性)にもとづく読みを誘導する一方で、この二つの地名は同じ一つの円弧の両端であるという対称的な読みをも誘発している。そのためには、「赤坂や」は下五に位置していなくてはならない。御油から赤坂への円弧を思い描いてしまうのは、読者の側の誤読というより、句に仕掛けられた罠としてある。二重の読みの可能性によって、句は、パラドキシカルな深みを帯びている。

(1) このような「作者」というものの概念は、おそらく俳人達のあいだで共有されているものと思われる。たとえば、大塚凱は、これを「作中主体」と呼んでいる。川村秀憲・大塚凱『AI研究者と俳人——人はなぜ俳句を詠むのか』、株式会社dZERO、二〇二二年、五〇~五一頁参照。
（2）加藤楸邨『芭蕉全句 上』、ちくま学芸文庫、一九九八年、八四頁。なお、本節での加藤楸邨からの引用は、すべて、同書八三~八四頁からなされる。
（3）芥川龍之介『芥川龍之介全集 5』「芭蕉雑記」、筑摩書房、一九六四年、二五八頁。
（4）山本健吉『芭蕉全発句』、講談社学術文庫、二〇一二年、五三頁。
（5）『松尾芭蕉集①』井本農一・堀信夫注解、『新編日本古典文学全集七〇』、小学館、一九九五年、四六頁。本節での同書からの引用は、すべて、同頁からなされる。
（6）松尾芭蕉『芭蕉俳句集』中村俊定校注、岩波文庫、一九七〇年、二八頁。
（7）山本健吉、前掲書、五三頁を参照した。

四　蕪村の「月は東に」の月はどのような月か

本節で考えたいのは、題で示したように、蕪村のあの句である。雄大であるという点で、実際また人口に膾炙《かいしゃ》しているという点でも蕪村の代表作であるといってよいだろう。

菜の花や月は東に日は西に

多くの人が、この句から、満月を思い浮かべるであろう。まるい太陽とまるい月とが向かいあっている光景をいつかどこかで見た気がする人もいるだろう。そう思うのは、また、東にあって西の日と向かいあっているのだから、月は、満ちているはずである、との推論からかもしれない。

本節では、このような想起や推論は間違いである、とするものではない。ただ、結論からいえば、満月の前日の月も、前々日の月も句にふさわしい、とする。

ところで、満月は、十五夜とはかぎらず、十六夜、ときには十七日の月のこともある（第四章第三節の「十五夜＝満月とはかぎらない」を参照）。いま、満月の前日、前々日のような言い方をし、小望（十四日）や十三夜としなかったのには、そういう訳がある。満月の前日とは、満月が十五日のときは十四日であるが、十六日の満月を考えれば十五日となる可能性がある。満月の前々日も、同様に、小望となりうるから、十三夜と決めつけるわけにはいかない。

説明に際しては、わかりやすさのため、ちょうど十五夜が満月である、と想定している。その場合、満月の前日とは十四日、前々日は十三日であると受けとってもらってよい。ただし、蕪村にかかわる具体例は別である。

髙橋治の空想説

さて、髙橋治は、この句を、空想上の作であるとする。月が東に、日が西にくるという現象は稀である、とするからである。

こんな現象は年に一日か二日しかない。重々それを知った上での空想作である。蕪村がその日を待ち受け写生したなどといったら、小学生でも笑い転げるだろう[1]。

この天体ショーを稀であるとする根拠についてはのべていないが、高橋治の論理は、おそらくこうであろう。菜の花――蕪村の時代にあっては菜種油を採取するためのいわゆるアブラナの花――の盛りの時期は二ヶ月ほどであるとして、その間、月が、朔望の一サイクルのなかで、太陽にたいしてこのような配置をとるのは満月のときだけであるから、「月は東に日は西に」となるのは、年に、多くても二回である、と。

高橋治が主張したいのは、これが、写生句ではないということ、「空想作」であるということである。「菜の花や鯨もよらず海くれぬ」でも、高橋は、発想の空想性に着目している。どうして鯨なのかといえば、この「一見とっぴな要素」についても、「空想が自由にはばたいた結果」であるとする[2]。

では、本当に「こんな現象は年に一日か二日しかない」のであろうか。東や西を、蕪村が、どれだけ厳密に考えていたかにもよるであろう。これについては、見方をあれこれ変えながら、少しずつ検討していこう。

芦阪良二の観察説

さて、写生ではないとする高橋とは反対に、蕪村はすぐれた観察者であるとする人がいる。芦阪良二は、『地平の月はなぜ大きいか』で、蕪村の観察力を褒めそやしている。

「菜の花や月は東に日は西に」と詠じた人がいる。観察力の豊かな俳人である。そんなことがあるものだろうか。別記（一〇四ページ）したように地球は厚い大気層にとりかこまれているので、天体が地平線下にあっても浮き上がって見える。太陽が完全に姿をかくすよりも先に満月が完全に姿をあらわすのは、地平に遮るもののない平野に立てば珍しいことではない。三十分から数分くらい、時によってちがいはあるが。(3)

芦阪の考えでは、「月は東に日は西に」は、「太陽が完全に姿をかくすよりも先に満月が完全に姿をあらわす」現象である。それは、「地平に遮るもののない平野に立てば珍しいことではない」という。

この現象では、月や太陽は、地平線のごく近くにあるとの想定がなされている。「天体が地平線下にあっても浮き上がって見える」という原理の提示、「地平に遮るもののない平野」に立たなければならないという条件の付帯から、その二天体が高いところに位置しているのではない、地平線ぎりぎりの高度にあるとされていることがわかる。

望と日没のタイミング

苧阪がこう書いているのは、厳密な意味での満月、「望《ぼう》」（望についての詳細は第四章第三節の「望と朔」を参照のこと）を意識してのことであろう。天文学的意味での「望」とは、太陽と月がちょうど向かいあった時点のことである。望という時点がいつもちょうど日没時と重なるとはいえないから、もちろん、多少のずれも考慮していることであろう。

日没時、折りしも望であるとしたら、どうであろうか。西の沈もうとしている太陽の中心の高度が〇度であるとすれば、東の顔をだしかかった月の中心の高度も〇度であることになり——このとき両者とも顔の半分しか見ることができない——、単純に考えれば、月がその全容をあらわしきったとき、太陽は沈みきってしまうことになる。もし、地球に大気がなければ、そういうことになる。

大気による浮き上がり効果

苧阪は、多少のずれも含めてだが、このような日没時の望という問題設定をしているようである。こういった場合でも、大気による天体の浮き上がり効果によって、「太陽が完全に姿をかくすよりも先に満月が完全に姿をあらわす」のだという。「別記（一〇四ページ）したように」

とあるので、その頁を開いてみると、「地平に接して見える月や太陽の実体は、地平以下にあり、屈折によって浮き上がっているのである」とある。屈折によってとあるように、この浮き上がり現象は、上空と地平近くの空気の濃淡の差のために光が曲がる（屈折する）ことで生ずる。

通常、大気が天体に及ぼす浮き上がり効果による差分――大気差――は、時間にして数分に相当する程度と見込んでよい。長沢工『日の出・日の入りの計算――天体の出没時刻の求め方』[4]によれば、大気差の値として、計算には習慣上、三五分八秒（ただしこの場合の「分」と「秒」は時間ではなく角度の「分」と「秒」である）をもちいるという。三五分八秒（角度の「分」と「秒」）を天体が通過するのに要する時間は二分と二〇・五秒（時間の「分」と「秒」）である。月の浮き上がりと太陽の浮き上がりの両方を合わせて二倍しても、その効果は、通常、五分程度と見込まれる。ただし、条件によって、さらに浮き上がることも、下回ることもある。[5]

芋阪は、「太陽が完全に姿をかくすよりも先に満月が完全に姿をあらわす」その時間を、「三十分から数分くらい、時によってちがいはあるが」としている。三〇分は、浮き上がり効果だけでは説明できないほどのずれであって、おそらく、芋阪は、大気差以外の要因をも含めているのであろう。その要因としては、満月とはいっても微妙に生じざるをえない、日没と月の出のタイミングの微妙なずれが考えられる（後述）。

中村草田男が想定する高い月

蕪村の句で、芋阪良二が想定しているのは、以上の効果によって、地平線上ぎりぎりに浮かび上がった月と太陽である。これは、結果的に、髙橋治の想定する状況と同じである。たいして、中村草田男による解釈では、句の月はけっこう高い。

一望際涯なく菜の花である。東の方の空には、光を帯びようとする夕月が高々とかかっている。同時に西の方の空には、既に低まった日がまだなお赤々と燃えつづけている。夜と昼との相接した不思議にも明るい天地のひと時である。(6)

草田男が思い描いているのは、夕月とはいいながら、「高々とかかっている」月である。出たばかりのしっとりとした黄色い月というよりは、青空を背景とした白い昼の月に近い。俳人は、少しあとで、こう補ってもいる。「澄み切った輝く単色群をもって構成されていて、印象派の画面を見るがごとき感じがある。菜の花の黄、空の藍、月の白、日の紅——形態としてはわずかに、月の小円塊と日の大円塊があるばかりである」

このような光景は、いかにもありそうで、目にしたとすれば、それこそ「印象派の画面」のようであろう。だが、次のような疑問が生じないだろうか。このとき、月は、東を相当に離れているだろうし、日も、すでに赤くなっているとはいえ、ひょっとしてまだ西に達しきれていないのではないか、と。

月と太陽の聖なる結婚

それでもやはり月と日が真正面から向きあうタイミングはあることをのべるまえに、月は東に日は西にという風景は確かにある、ということをのべた文を、もう一つ、紹介しておきたい。その著者ジュールズ・キャシュフォードは、十中八九、蕪村の句をしっていなかっただろうけれども。

> 十四日目か十五日目の夜に東の地平線に昇る月が、西の地平線に沈んでゆく太陽と顔を合わせる完璧に釣り合いのとれる瞬間がある。一年のうちの特定の何カ月かに、二つの天体の光度と大きさがほぼ等しくなるために、一見したところでは同じものに思えるときがある。あたかも夜の太陽が昼間の月と出会ったかのように感じられる。そこでこの二つの大きな光が地球の縁《へり》に同じようにかかっている——一方は昇り、他方は沈む——とき、世界中でいつの時代も変わらず、多くの人々が月と太陽の聖なる結婚を目撃しているように感じてきた。(7)

蕪村的風景は稀にしかないとする髙橋治、また、月や太陽の浮き上がりという専門家でなければ気がつかないような効果で可能になるとする苧阪良二とちがって、キャシュフォードと中村草田男は、一方は神話学者また他方は俳人として、これが、多くの人々によって目撃されてきた、誰もが味わいうる、いわばふつうの光景であると考えている点で共通している。神話学者が「あたかも夜の太陽が昼間の月と出会ったかのように感じられる」とし俳人が「夜と昼との相接した不思議にも明るい天地のひと時」としている点、つまり、月と日の風景に夜と昼の出会いを感じとっている点でも、両者は共通している（なお両者の相違点についてはここではのべないでおく）。

キャシュフォードは、「一年のうちの特定の何カ月かに、二つの天体の光度と大きさがほぼ等しくなるために、一見したところでは同じものに思えるときがある」というところまで踏みこんでいる。ただ、残念ながら、その「特定の何カ月か」がいつのことであるかを、この神話学者はのべていない。

たしかに、月と太陽は、視直径が同じになることはある。その光度が「ほぼ等しくなる」瞬間については、そもそも、両天体の光度の差は桁違いであるため（太陽と月の光度の比較については第二章第一節を参照のこと）、太陽が雲か靄か何かに覆われでもしないかぎり、考えることはできない。キャシュフォードがいいたいのは、印象としての、太陽の偉容と、月の重みの同等性のことであろうか。

高い位置の東の月はありうる

結論を先取りすれば、中村草田男が想定しているような、月と太陽が多少とも高い位置にある二天体の共演はありうる。しかし、ここで、月が高ければ、東を離れ、南に寄ってしまっているのではないかという疑問が生ずるであろう。いや、月が、北寄りのあたりから、たとえば東北東から昇ったとしよう。すると、月は、東に達したとき、ある程度の高度を得ている。

以下では、そのようなシチュエーションが、菜の花の咲くころ、実際にありうることを、具体的な考察によって検証する。その考察を理解していただくためには、第四章第三節〈年間をつうじて月の高度はどのように推移するか〉を先に読んでおいたほうがよいかもしれない。そういうこともあり、議論が微に入り細に入ることもあり、**高い位置の東の月はありうる**という結論だけでよいということであれば、以下の楷書体の箇所は読み飛ばしていただいて結構である。

春分のころ、満月はほぼ真東から昇る。その理解の仕方はいくつかある。ここでは、春分の真西に沈む太陽とほぼ向きあっていることから、このころ、満月もほぼ真東から昇る、としておこう。

ところで、月は、そのコースの高さを頻繁に変えている（昇りきったときの最高高度を変えているといってもよい）。その様子は〈年間をつうじて月の高度はどのように推移するか〉で詳しくのべることになる。結果だけをいえば、春の満月のころは、コースの高さが次第に低くなっていく時期に当たっている。具体的にはこうである。

春分のころ、陰暦ないし相でいう十二日の月のコースは、比較的高いのだが、十三日、十四日と進むにつれて、高度は低くなっていく。満月のあたりには、高くも低くもない中間状態となる。満月を過ぎると、月のコースは、十六夜、立待、居待へと、どんどん低くなっていく。

月が昇る位置は、月のコースの高さと関係している。月の出の位置は、平均的には東だが、南中時（北半球の例を考えている）の月の高度が高くなると北寄りとなり、低くなると南寄りになることは理解していただけよう。いまの場合でいえば、月の出の位置は、十二日は東よりも北寄りだが、十三日、十四日では東に近づき、満月あたりで東となり、それを過ぎると、南寄りとなる。

満月当日、「月は東に日は西に」の光景は、見られることもあるが、実は見ることができない場合もある。満月の日については後述しよう。

十六日以降、月は日没後に昇るから、蕪村的風景のチャンスはありえない。そのため、十四日へと遡ろう。十四日の月（小望月）も、見た目では満月と区別がつきにくいから、これもまるい月として扱うことができる。春の十四日月は、のべたように、東といっても少しばかり北寄りの東から昇る。そのため、真東に達したとき、月は、ある程度の高度を得ている。以上の効果は、十四日から十三日、十三日から十二日と遡るにつれて大きくなる。だが、十二日ともなると、月がまるいという感じは得られないかもしれない。

他方、太陽のほうは、春分のころにはほぼ真西に沈むコースをたどる。まさに日が沈もうとしているときだと、太陽は西の地平線上に、月は東の地平線の少し上にと、高さがアンバランスである。そこで、両者の高さが同じになるようにわずかだけ時間を巻き戻そう。このとき、太陽は、日没の少し手前、西の少々南寄りのあたりで、ある程度の高さを保持している。月は、真東よりもほんの少しだけ北寄り（とはいえ月の出の方向よりは南寄り）の位置にあり、この位置でも、月は、真東に達したときほどではないが多少の高度を得ている。東から少し北に寄っている月と西から少し南に寄っている日は、このようにして、高度を維持しながら、正面から向きあうことが可能となる。ただし、その瞬間、両天体を結ぶ軸は、東西からほんの少しだけ、月は北寄りに日は南寄りに、ずれることとなる。

理想的な例として、一九一三年の春分のころの満月を取りあげてみたい。理想的というのは、このとき、太陽と月は、ねじれがほとんどなく、地球をはさんでかなりの精度で真正面から向かいあっていたからである。その証拠として、この夜、皆既月食が起こったことをあげておこう。

それは、一九一三年三月二十二日（陰暦二月十五日）のことであった。この年は、前日三月二十一日が春分に当たっていた。月を見る位置は、蕪村の終焉の地、現在の京都市下京区としよう。

二十二日、下京での満月の出は一七時五九分であり、日の入りは一八時一〇分である。しかしここでまず、月の出と日の出では、出の瞬間の定義がちがうということを、一応、念頭に置いておいたほうがよいだろう。入りも同様である。月の出は、月の中心が地平線に達した時刻をいうのにたいして、日の出は太陽がその輝く尖端をはじめて地平線上にのぞかせる瞬間をいう。同様に、月の入りはその中心が地平線にいたったとき、日の入りは太陽がその全容をすっかり地平線下に姿を隠してしまうときをいう。

別々の基準の出と入りを一緒に扱うことを気にするのならば、日の入りの時刻から一分を引いたものを、新たな日の入りの時刻とすればよい。一分とは、太陽がその半径分を移動するのに要すると見込まれる時間である。以下では、ふつうにいわれる日の入りの刻から一分だけ引いたものを、日の入りの時刻として示してある。これでは混乱が生じるかもしれないので、ふつうの意味での日の入りの時刻を括弧して添えている。括弧内では、時間を省略し、分だけを示す。

さて、一九一三年三月二十二日、満月の日、月の出は一七時五八分、日の入りは一八時九分(一〇分)である。月の出と太陽の入りまでは、一一分の余裕があるので、理論上では、両天体を同時に見ることが可能である。ちょうど中間の時点一八時四分で(一分の半分は四捨五入で繰り上げ)、月は真東、太陽は真西にある(方位を調べてみても実際そうなっている)。つまり、月は東に日は西に、である。だが、高度はともに一度と低い(あえて小数点以下まで示せば月は〇・八度で日が〇・七度だが浮き上がり効果のゆらぎなどを考えればこの小数点第一位は有効でないだろう）。盆地の京都だと、この瞬間を見ることはできないはずである。月の出と日の入りの中間の時刻を考えたのは、月と日にたいする等しいおもんぱかりからである。このとき、両者の高度はほぼ同じになるであろう。

一九一三年三月二十二日のこの瞬間、月と日は見えるか見えないかわからないほどに低い。そのため、考察を、前日三月二十一日（陰暦二月十四日）に移そう。このとき、日没は一八時九分（一〇分）、月の出は一六時四五分。そのちょうど中間の一七時二七分では、月は、東を基点にして四度北寄り、太陽は、西を基点として五度南寄り。月から太陽に向かって南周りに測った差分（以下もこの方向に測るものとし「開き」と呼ぶ）は一七九度、ほぼ正面から向かいあっており、月は東に日は西に、といってよいであろう。ただし、月と太陽を結ぶ方向は、東西の線から四、五度ほどずれている。なお、このときの高さは、月も太陽も八度である。

満月の前々日、三月二十日（陰暦二月十三日）は、月の出が一五時三〇分、日の入りは一八時八分（九分）。その中間の一六時四九分で、月は東を基点に八度北寄り、太陽は西を基点に一一度南寄り。開きは一七七度であり、この程度なら、まずまず、月は東に日は西にとしてよいであろう。高さは、月が一四度で太陽は一五度である。ちなみに、五時半ごろ、そろそろ夕方という気分のとき、一七時三〇分で月の高さは二二度、太陽は七度。開きは依然として一七七度。

さらにその前日、三月十九日（陰暦二月十二日）は、月の出一四時一四分、日の入り一八時七分（八分）。その中間の時刻一六時一一分で、月は東を基点に一一度北寄り、太陽は西を基点に一八度南寄り。開き、一七三度。大雑把には、向かいあっているといえるかもしれない。高さは、月は二一度で太陽が二三度。十二日の月だと、さすがに、まるとはいえないだろう。夕月というよりは昼の月に近い。小一時間もすれば、月は三〇度を越え、太陽は赤みを帯びてくるだろう。陰暦十二日の月と日のこのような配置こそは、ひょっとしてまた十三日の空こそは、草田男が、「東の方の空には、光を帯びようとする夕月が高々とかかっている。同時に西の方の空には、既に低まった日がまだなお赤々と燃えつづけている」とした光景にふさわしい。

以上の例（一九一三年の春分のころの京都下京区での例）をまとめるとこうなる。満月当日には、日没時、月も太陽も地平線ぎりぎりの高さであったため、盆地であることを勘案すれば、蕪村的風景は見ることができなかったはずである。天気がよいとして、蕪村的風景を確実に期待できるのは、むしろ、十四日であった。月の出と日の入りの中間時で、月も太陽も高度は八度、高さとしてはこのぐらいがちょうどよいかもしれない。十三日でも、東西を結ぶ軸は少々ぶれるが（東では幾分北へ西では幾分南へと軸がぶれる）、月と日がほぼ正面から向きあう時間帯がある。そのときの、太陽と月の、一四、五度という高さを、読者は、ちょうどよいと感じるであろうか、高すぎると思うであろうか。また、十二日の月も、少々若くてもよいというのであれば、そして、太陽の真っ正面でなくてもよいというのであれば、蕪村的といえるかもしれない。

満月の日には蕪村的風景が見られないこともある

多くの評者達が、「菜の花や月は東に日は西に」は満月の日の風景であると思いこんでいるようである。だが、満月当日はさほど条件がよくない。これは、一九一三年三月二十二日の例でも示したとおりである。

満月の日、蕪村的天体ショーが生じないこともある。いや、起こりえないことのほうが多い。つまり、こういうことである。

満月といわれる日でも、「望」の時刻を過ぎると、浮き上がり効果による数分間のマジックは別として、例の天体ショーを期待することはできない。理由は単純である。両天体の同時出演が不可能となるからである。

望とは、太陽と月とがちょうど向かいあう、何時何分と指定できる時点であったから、そのまえとあとを考えてみよう。観察者から見た月から太陽への開きは、望のまえだと一八〇度未満である。であるから、このとき、両天体を同時に見ることができる。望を過ぎると、開きは一八〇度以上になっていく。一八〇度以上というのは、月の出が日の入りより遅いということであり、この場合、幾何学的にいって、「月は東に日は西に」はありえない。

ところで、春分のころ、太陽は京都だと六時過ぎに沈む。大雑把に六時だとしよう。すると、春の満月の日、望が日没前に起こる確率は、単純計算では、日没後の三倍である（一八時間対六時間）。満月の日の「月は東に日は西に」の確率は、四分の一（六割る二四）でしかない。

結論として、満月の日には、ショーを見ることができる場合とそうでない場合がある。この意味でも、蕪村的風景にとっては、十五日は十四日よりも条件がよくない、ということができる。以下の楷書体の部分は、望のタイミングについての詳細である。


望は、満月に当たる日のできるだけ遅い時間に起こるときのほうが、蕪村的天体ショーにとっては有利である。たとえば、二〇一七年の三月十二日では、望は二三時五四分。月の出は一七時四三分で日の入りは一八時二分（三分）〔括弧の意味は二三三頁参照〕であるから、月が出てから日が沈むまで二〇分程度の間隔がある。この間隔は、望が生じるタイミングにより、ゼロ分から二〇分ほどまで変化する。芋阪良二が、「太陽が完全に姿をかくすよりも先に満月が完全に姿をあらわすのは、地平に遮るもののない平野に立てば珍しいことではない。三十分から数分くらい、時によってちがいはあるが」としているのは、この二〇分プラス浮き上がり効果を考えてのことであろう。

ちなみに、一九一三年三月の満月に当たる二十二日の望は、二〇時五六分であった。その夕方、月の出から日の入りまでの間隔は、一一分であった。この間隔では、「月は東に日は西に」は、理論的には可能だが、実際には厳しいことも確認した（なお、二十二日の夜に皆既月食が起こったことはすでにのべてあるが、二〇時五六分はそのピークである）。

四月の満月

菜の花のたけなわは、むしろ、四月ではないかという反論があるだろう。そこで、先ほど例として取りあげた一九一三年三月の満ち欠けの、次のサイクルについても検討してみよう。

結論として、一九一三年四月でも、同年三月と同じような月と日の向かいあいを見ることができる。ただ、両者を結ぶ線は、東西から一〇度前後、ずれている。このずれは、春分を過ぎると太陽は入りの位置を西から北寄りへと移動させるのであるが、その太陽と向かいあっている満月のころの月の出も東から南寄りへと動く、ということで理解してよいであろう。以下、詳細は楷書体とした。

一九一三年四月の満月は二十一日、陰暦では三月十五日に当たる。その日、京都市下京区での、日の入りは一八時三三分（三四分）〔括弧の意味は二三三頁参照〕、月の出は一九時〇九分。日の入りよりも月の出が遅いため、両天体を同時に見ることはできない。

その前日、四月二十日（陰暦三月十四日）、日の入り一八時三二分（三三分）。月の出一七時五七分。その中間の時刻一八時一五分〔半分は四捨五入で繰上げ〕で、月は高さ三度、方向は東を基点とし南方向へ測って一五度。同時刻において、太陽は高さ三度、方向は西を基点とし北方向へ測って一二度。月から太陽に向かって南周りに測った差分（開き）は、一七七度。これだと、ほぼ向かいあっているといえる。ただし、両者を結んだ線は、東西の軸から、一三、四度ほどねじれている。軸は、東では南のほうに西では北のほうに寄っているのであるが、それでも、東西南北の正確な方位を把握していない者にとっては、「月は東に日は西に」と見えるであろう。

満月の前々日、四月十九日（陰暦三月十三日）。日の入り一八時三二分（三三分）、月の出一六時四六分。その中間の時刻、一七時三九分で、月は高さ一〇度、方向は東を基点として南へ一二度。同時刻において、太陽は高さ一〇度、方向は西を基点として北へ七度。開きは一七五度。両者を結んだ線は、東西の軸から九度ないし一〇度ほどずれている。この場合も、方位のねじれを別とすれば、ほぼ「月は東に日は西に」である。

そのまた前日、四月十八日（陰暦三月十二日）。日の入り一八時三一分（三二分）、月の出一五時三五分。その中間の時刻、一七時〇三分で、月は高さ一七度、方向は東を基点として南へ八度。同時刻において、太陽は高さ一七度、方向は西を基点として北へ一度。開きは一七三度。太陽の高さ一七度を、高すぎる、まぶしすぎると思う人がいるかもしれない。開きは一七三度でやや狭まっている。線のねじれは四、五度。基準次第であるが、これも蕪村的風景といえるかもしれない。

蕪村的風景が見られるチャンスは年に数回ある

菜の花の咲くころの、蕪村的な月と日の配置図をまとめよう。確実に太陽と向きあうのは、あくまでまるさにこだわるというのなら、春分のころの小望月（十四日月）である。満月については、望が生じるタイミングにしたがって、両天体の蕪村的ショーが見られる場合と見られない場合がある。太陽と向かいあっていれさえすれば、形はまんまるでなくてもよい、というのであれば、十三日の月も、また多少のずれは許容するというのであれば十二日も数えることができる。また、月と太陽を結ぶ軸が多少ねじれてもよいというのなら、もう一サイクル後の、すなわち四月の、ひょっとして五月初めの小望月、満月も期待できる。とすれば、「月は東に日は西に」の光景は、天候の具合を別とすれば、年に数回ありうる、ということになる。

ここで、満月と太陽が正面から向きあう風景は、秋分のころにもあるのではないか、という疑問が生じるかもしれない。だが、次にのべるように、秋にはそのチャンスは少なくなる。これは、数にいれないでおこう。

菊の香や月は東に日は西に、では句は成功しなかった

秋分のころも、同様ではないか、と思われる方がいるかもしれない。たしかに、秋ごろにも、西に沈む太陽と東から昇るまるい月は向きあいうる。であるから、秋にも「月は東に日は西に」のチャンスがある、だが、その頻度は春よりも少なくなる。その結果だけわかればそれでいいという方には、以下の楷書体の箇所を読み飛ばしてもらってもかまわない。

秋分のころ、満月は、春分ころと同様にほぼ真東から昇る。ただ、そのあとがちがう。月が、そのコースの高さを頻繁に変えていることは春の満月のところでものべたが、秋の満月のころは、春とは反対に、月のコースは高くなりつつある（第四章第三節参照）。具体的にはこうである。秋分のころ、十二日の月のコースは、比較的低いのだが、十三日、十四日と進むにつれて、高くなっていく。満月のあたりには、高くも低くもない中間状態となる。満月を過ぎると、月のコースは、十六夜、立待、居待へと、どんどん高くなっていく。

十六日以降、月は日没後に昇るから、蕪村的風景が見えるチャンスはありえない。満月当日には、秋にも春と同程度の見られるチャンスがある（見られない確率もまた同程度である）。満月から逆方向に、十四日、十三日と遡っていけば、月のコースは低くなる。月の出の位置は、満月から日を遡るほど、東を基点として、南寄りとなり、西に沈む太陽に近づく。両者の開きはどんどん狭くなる。そのため、「月は東に日は西に」のチャンスは少なくなる。

具体例を、一九一三年の、今度は秋にとってみる。この年の秋分は、九月二十四日に当たっている。秋分にもっとも近い満月は、九月十五日、中秋の名月である。月と日が、その夜、真正面からの向かいあいが可能な軌道にあったことは、春同様、皆既月食が見られたことからもわかる。この夕方、日の入り一八時五分（六分）〔括弧の意味は二三三頁参照〕、月の出一七時五九分。その差は、わずかに六分。月の出は、東を基点に南へ六度、日の入りは西を基点に北へ四度。開きは、一七八度。

計算上は、月と太陽を同時に見るチャンスがあるとはいっても、二天体の顔がぎりぎり地平線上に浮かんでいる程度である。それで、一日だけ遡ってみることにする。前日十四日には、委細は省略するが、月の出と日の入りの中間、一七時五二分で、開きは一六九度。高さは月が三度で太陽が二度。この高度だとやはりまだ見にくいだろう。開きも、真正面から一一度ほどもずれている。前々日、十三日も調べてみる。月の出と日の入りの中間の時刻一七時四〇分で、開きは一五八度でさらに縮まっている。高さは、ともに五度。

秋分のころ、「月は東に日は西に」のチャンスは皆無であるとはいえないが、さほど多くない。満月の日の条件は、春分と秋分では大差がなく、日と月の向きあう光景が、ぎりぎり見られることもあり、日の入りと月の出のタイミングによっては、観察できないこともある。だが、満月から十四日へと遡ってみたとき、春では観察条件が最良となるのにたいして、秋には、月と日の開き具合の点で、条件が悪化する。すなわち、秋の十四日月では、太陽との開きが小さくなり、十三日には、さらにもっと狭くなる。結局、秋分のころ、月と日による例の共演は、チャンスが限られている。

以上のように、「月は東に日は西に」というのは、春に典型的な現象である。蕪村は、菜の花の咲くころに月と日がほぼ向きあうということを、観察していたか、少なくとも経験としてしっていたのであろう。「菜の花や月は東に日は西に」が人口に膾炙しているのは、そのような風景があったことを、無意識のうちに受け手の側にも想起させるからにちがいない。反対に、季節を秋とし、「菊の香や月は東に日は西に」(「菊の香やならには古き仏達」のもじりのつもりである)としたら、句は成功しなかったことであろう。

色彩の対照

ここまでは、位置と形の観点から、月を、太陽と比較してきた。たしかに、向きあうとき、夕月と夕陽の円は、直径もほぼ等しいし、高度もほぼ同じでありうる。両天体のそのような対称性は、色彩にまで及ぶものであろうか。以下、検討してみよう。

すでに引用した文で、キャシュフォードは、「西の地平線に沈んでゆく太陽と顔を合わせる完璧に釣り合いのとれる瞬間」というように、両天体の対称性を強調している。『蕪村』の著者藤田真一も、この句の「日月《じつげつ》の対照的表現」「日月の対照性」に着目している[8]。対称ではなく対照というのは、月と日が、並べうる、比べうるという意味であろう。

一方には太陽、振り返れば、ほぼ同じ大きさの月が見えるというのならば、その色彩も、白ないし黄を基調とした同系だとしたほうが面白いのではないか。菜の花の季節、もし、月と日とが、色でも呼応しあうことができるというのならば、花の黄も引き立つ、というものである。そのような風景はありうるのか、検討してみよう。

もちろん、夕方のことであるから、気象条件にもよるだろうが、真っ赤に燃えた西の空を思い浮かべるのは自然である。『月に泣く蕪村』の著者高橋庄次が、東に満月の出をもってくるのは、そんな茜空に対抗させてである。

西空を夕焼に染めて日が沈むときに東から月が昇ってくるのは、太陽と月が一八〇度の角度になる十五日月、つまり満月でなければならない。(9)

なるほど、「菜の花や月は東に日は西に」の場面の一つとして、このような風景は可能であろう。「日が沈むとき」その太陽は、もし地平線ぎりぎりだとすれば、真っ赤なはずである。このとき、「東から月が昇ってくる」その月のほうは、地平線の近くだとすれば、黄色っぽいことであろう。

本書での検討からすれば、月と日は、ある高度をたもったままで向かいあうことができるのであった。だとすれば、太陽は、赤よりは、白か黄色に近いだろう。月は、黄色というより、白っぽいであろう。

レーリー散乱

すべては、レーリー散乱の効果である。レーリー散乱が、夕日を赤くする。同じ効果が、空を青くし、昼の月を白くしてもいる。レーリー散乱については、説明がいるかもしれない。

大気の層は、太陽の光や月の光にたいして、フィルターとして作用する。そのフィルターの作用は、青系の光には強く、赤系の光には弱く出る。波長の短い青色は、波長の長い赤色よりも、空中に浮遊した粒子によって散乱されやすいからである。これが、レーリー散乱である。夕日は、斜めから長い距離の大気層をとおりぬけてくるため、青を弱めるフィルターが厚いことになる、であるから赤っぽくなる、と考えればわかりやすい。

ところが、レーリー散乱は、空を青くもする。空を見上げるときは、赤い夕日の場合とは事情が少しばかりちがっている。青空から降ってくるのは、太陽の、散乱された間接的な光である（これにたいして夕日の場合はフィルターをとおして見る直接光ないし通過光である）。散乱されやすいのは、青系の光のほうであった。空が、青くみえるのはその散乱光が届くためである。日中の空は青っぽく、夕日は赤っぽくみえる、そのどちらもレーリー散乱の効果なのだが、散乱光か、通過光かでちがってくる。

また、『空と月と暦——天文学の身近な話題』の米山忠興は、昼の月が白っぽく見えることをも、レーリー散乱、およびミー散乱（レーリー散乱よりも大きな粒子による散乱で空を乳白色にする）で説明している。

〔…〕昼の空には太陽と白い月くらいしか見えない。太陽の光に、大気中の分子や水蒸気によるレーリー散乱、および水滴やチリなどの大きな粒子による散乱（ミー散乱という）

が起こって、昼の空は明るく（青くまたは白く）見えるために、月は本来のほぼ黄色の光に、散乱された青い色が混ざって白く見える(10)。

昼の月が白っぽくなる原因として、米山は、ここで、次の二つの効果をあげている。一つは、月の元来の黄色と、レーリー散乱による青系の光が混じりあって、再び白くなるという効果。もう一つは、空全体を乳白色にするミー散乱の効果である。

白と黄

以上の効果を被った昼の白い月を考えるならば、また、輝く太陽を白いとするならば、東には白い月、西には白い太陽、その真ん中に菜の花畑という構図を描くことができよう。十三日の、高さ一五度ほどの月と太陽ならば、このような配置を構成しうるであろう。十四日の八度前後でも、この図は可能であるかもしれない。

また、昼の月から夕月に移行する頃合いには、太陽も月も、黄色っぽくなるだろう。こうなると、山吹色の菜の花とあわせて、黄色の三点セットができあがる。山上樹実雄の「日に月に大根の白呼びあふよ(11)」にならうならば、「日に月に菜の花の黄の呼びあふよ」とでもなるだろうか。

蕪村の句は陶淵明の「白日淪西阿、素月出東嶺、遥々万里輝、蕩々空中景」の俳諧化であるという注記が、岩波の日本古典文學大系『蕪村集　一茶集』にみられる。(12)『蕪村』の藤田真一も、月と日の対照性という観点から、この詩を援用している。以下の読み下しは藤田による。

白日西阿《せいあ》（西の山）に淪《しず》み
素月《そげつ》東嶺より出づ
遥遥たる万里の輝き
蕩蕩たる空中の景

陶淵明の俳諧化であるのだとすれば、蕪村の句に、「白日」「素月」「空中の景」を当てはめてみることも牽強付会ではないであろう。白い太陽と、白い月が、空中に漂っている。これは、十三日前後に見られる風景というにふさわしい。ただし、「菜の花や」の句は春であるが、「白日西阿」の詩は後半部にあるように秋、というちがいはある。

素月とは、「白く光のさえた月」（『日本国語大辞典 第二版』）、白い月といってしまってよいだろう。他方、白日を、文字通り、白い日と受けとるのは早計であるかもしれない。「白日」とは、『日本国語大辞典 第二版』によれば「照り輝く太陽」、『新明解国語辞典 第四版』では「真昼の太陽」、『岩波国語辞典 第三版』によれば「くもりのない太陽」である。ただ、白日の語で、地平線ぎりぎりの赤い太陽を念頭においているのでないことだけはいえそうである。

藤田真一は菜の花畑を懐かしむ。「かつてわたくしたちは、この花とごく近しかった。春たけなわのころ、都市の近郊で、また野山のあちこちで、まっ黄色に染まった絨緞《じゅうたん》の花畑を目にすることができた」

花の黄色の魅力を最大限に引きだしたいなら、比較的まだあかるい時間、輝く太陽がまだ夕日になってしまうまえが効果的であろう。そのとき、昼の月も、夕月になるまえで、白いままであるだろう。「菜の花や月は東に日は西に」がそうであるとか、そうでなければならない、とするものではない。主張したいのは、以上によって、句の解釈の枠を広げることができる、ということである。

句の成立状況

読解の可能性、これは、蕪村がいついかなる場所の風景を念頭にこの句を作ったかにも左右されるであろう。句の成立条件、そして、結局は想像するしかない微妙な問題であるが、句の成立過程についても考察してみよう。

この句が披露された時と場所は、知られている。ただ、以下で確認していくが、その句座のうちに懸案の生成過程を閉じこめることはできないようである。

大谷晃一の『与謝蕪村』――伝記的批評であるが随所に折々の句を挟みこんでいる――を参照すると、蕪村は、安永三年三月二十三日（西暦一七七四年五月三日）、几董、また京都にやってきた樗良とともに句会を開いており、例の句は、このときの歌仙の発句である。[13] 陰暦で二十三日であるから、月は下弦あたりで、人が寝静まってからでなければ昇ってこなかった。であるから、蕪村の発句はその場での嘱目でない、とすることができる。

月の不在のうちにこの句が披露されたという経緯は、これを「空想作」とした髙橋治の論理を後押しする。この句がなるほど豊かな想像力のたまものであることを否定するものではないが、しかしまた、しかるべき状況下での観察からすでに発想されていた句をその座で出したという仮定をしりぞけることもできないだろう。たとえば、数日前、満月の日のあたりに、蕪村は実景から想を得ていた、そして、その孕句《はらみく》を会で使った可能性は残る。

京都の盆地という条件

しかし、京都は盆地である。盆地では、周囲の山のために、見える月も見えないおそれはないだろうか。そこで、囲む山々の影響を調べてみよう。

ポイントを、やはり、蕪村終焉の地である、現在の京都市下京区に置く。地図などを参考に計算をしてみたところ、取り囲む山の高さは、委細は注にまわすが、三、四度ほどである。[14] この程度の高さならば、モデルケースとみなした一九一三年の下京で、春分のころの十四日月および十三日月と太陽との共演を楽しむことができる。このケースでは、陰暦十四日で、月と日の高さはともに八度、十三日では一四、五度であったから、十分に余裕がある。

蕪村が句を披露した一七七四年五月三日（安永三年三月二十三日）は、残念ながら、満月でもなければ小望でもなかった。この日を含む満ち欠けのサイクルで、もっとも近い満月は、一週間まえ、陰暦三月十六日（陽暦四月二十六日）に当たっている。満月が十六日になることもある、ちょうどそういうケースとなっている。

細かいことは注にまわすこととし[15]、結果だけ記すと、その満月の日、月の出から日の入りまで九分（日がすっかり隠れるまでは一〇分）あり、そのちょうどあいだの時刻で、月、太陽ともに高度は〇・五度ほどである。これだと、京都盆地からはどちらも見えない。なお、両天体の開きは、一八四度。

満月の日、両天体は低高度でしか向きあわないというのであれば、蕪村的風景として、京都盆地は無理であろう、という発想が芽生えたとしても不思議ではない。この句の風景としてあえて京都盆地以外を想定してみたくなるとすれば、その判断には、陰に陽に、視界が狭められる盆地は避けたいという気持ちが働いているものと思われる。

大谷晃一は、この句が京都で作られたことを明記する一方、その風景は、蕪村出自の地、大坂毛馬の回想であるとする。「仰いだ淀川が流れる毛馬〔現大阪市都島区〕の大地の夕景が、蕪村の脳中によみがえる」

中村草田男も、また、引きあいに出されている松窓乙二と同様、その風景を京都ではなくその周辺に求めている。

松窓乙二は「蕪村発句解」中で「洛外のけしき」と注しているが、京都付近、それも近江に近いあたりまたは摂津に近いあたりなどになれば、現在でもそうとうその俤が残っているが、当時にあっては地上菜花をもって埋め尽くしたような実景も目に触れ得たであろう。

他方、洛内には、「地上菜花をもって埋め尽くしたような実景」は見られないだろうと判断したのであろう。そのとおりだとしても、ただ、こぼれ種から咲いたような花もふくめれば、都でも、菜の花が皆無であるということはないだろう。たとえば、藤田真一は、蕪村の句として、「菜の花や壬生の隠家誰〳〵ぞ」をあげている。(16)

満月の前日、前々日

いずれにしても、安永三年三月十六日、蕪村が、下京で、「月は東に日は西に」の実景に遭遇したということは、月と日の配置と京都は盆地であるという地理的条件から、ありえない。だが、それみたことか、ということにはならない。前日も調べてみよう。

安永三年三月十五日（西暦一七七四年四月二十五日）は、暦では十五夜であるが、十六日が満月であるから、小望に相当する。この日、月の出は一七時二二分、日の入りは一八時三七分。その中間一八時で、月、太陽ともに、高さは七度。方向は、月が、東を基点として南へ一三度、太陽は、西を基点として北へ一二度。開きは一七九度であるから、両天体はほぼ正面から向きあっているといえる。ただ、その軸は、東西を結ぶ線から一二、三度ほどねじれている。

これこそは、まさしく蕪村的風景である。軸のぶれは気になるが、蕪村にしても、磁針を手にしていたのなら別だが、真東や真西という方向を正確に把握していたとは思いにくい。この日、昇った小望月は、まるさの点でも、満月と区別がつかないはずである。暦では十五日であることもあり、蕪村は、もしそれを見たとすれば、満月だと思ったことであろう。

さらにその前日、満月の前々日、要点だけのべれば、月の出と日の入りの中間の時刻で、月と太陽の高さはともに一三度。両天体の開きは、一七六度で、その軸は、東西を結ぶ線から一〇度ほどねじれている。この風景も、月の完全なまるさにこだわらないならば、蕪村的ということができるかもしれない。

以上から、蕪村が、安永三年三月十五日ないし十四日の月の風景から「菜の花や月は東に日は西に」を得、これを、数日後、二十三日の句会で披露したというストーリーをつくることができる。その可能性は否定できないだろう。だが、確かに見たという保証もない。見た風景と、回想された風景のオーバーラップもあるかもしれない。

月は東にが名句である理由

本節では、月と日の動きを調べることで、「月は東に日は西に」の配置の可能性を拡大した。

可能性を広げることができたことで、解釈は定まるどころか、ますます混沌としてくる。高橋庄次の満月説も、苧阪良二の浮き上がり説も、髙橋治の空想作説も、大谷晃一の回顧説も、その混沌のなかに巻きこまれる。事態を紛糾させたという点で、筆者は、余計な口出しをしてしまったのであろうか。

いや、結論として筆者は、次のように考えている。蕪村の菜の花の句が該当する状況は、思ったより広い、と。この句が蕪村の代表作として人口に膾炙するようになったのは、だからこそである、と。

(1) 髙橋治『蕪村春秋』、朝日新聞社、一九九八年、四二頁。
(2) 同書、四一頁。
(3) 苧阪良二『地平の月はなぜ大きいか——心理学的空間論』、講談社、一九八五年、六八頁。
(4) 長沢工『日の出・日の入りの計算——天体の出没時刻の求め方』、地人書館、一九九九年、一八頁。
(5) 詳しくは『理科年表』(国立天文台編、丸善出版)を参照のこと。たとえば、二〇二〇年版では、一六〇頁。
(6) 中村草田男『中村草田男全集 第七巻』、みすず書房、一九八五年。本節での中村草田男からの引用は、すべて、同書、一一七〜一一九頁からなされる。
(7) ジュールズ・キャシュフォード『月の文化史 神話・伝説・イメージ 下』別宮貞徳監訳、柊風社、二〇一〇年、二一〇頁。
(8) 藤田真一『蕪村』、岩波新書、二〇〇〇年。本節での同書からの引用は、すべて、一〇一〜一〇四頁の範囲からなされる。
（9）高橋庄次『月に泣く蕪村』、春秋社、一九九四年、九二頁。
（10）米山忠興『空と月と暦——天文学の身近な話題』、丸善株式会社、二〇〇六年、七六頁。
（11）山上樹実雄『白蔵』、牧洋社、一九八二年、九一頁。
（12）『蕪村集 一茶集』暉峻康隆・川島つゆ校注、『日本古典文學大系58』、岩波書店、一九五九年、八二頁。
（13）大谷晃一『与謝蕪村』、河出書房新社、一九九六年、一五六頁。なお、本節での大谷晃一からの引用は、以下も同頁からなされる。
（14）京都市下京区のうちでも、ポイントを、京都駅に置く。京都駅（標高二八メートル）としたのは、駅ならば、小さな縮尺、大きな縮尺、どんな地図でも位置確認が容易だからである。京都駅から東には、東山トンネル近く、六条山（標高二〇四メートル）が見える。計算の提示はしないが、その高さ（仰角）は、三度と四度の中間あたりである。西には小塩山（標高六四一メートル）。高さは、ほぼ三度である。
（15）月の出一八時二九分、日の入り一八時三八分（三九分）。微妙なところなので四捨五入しないでおくと、中間の一八時三三分半で、月は、高さが〇・五度、方向は東を基点に南へ一三度。太陽は、高さが〇・五度で、方向は西を基点に北へ一七度。
（16）ただし、この句は、『蕪村集 一茶集』（暉峻康隆・川島つゆ校注、『日本古典文學大系58』、岩波書店、一九五九年）にも『與謝蕪村集』（潁原退蔵校注・清水孝之補訂、朝日新聞社、一九七七年）にも見当たらない。

第四章　低い月、高い月

一　低い月、高い月

月の形には、二日月、三日月、片割れ月など、様々な呼称があたえられてきた。形は見たそのままであり、月が、まるいか欠けているか、半分ぐらいであるか、太っているか痩せているかぐらいは一目でわかる。大体の形は、日常の語彙でも、いまそうしたように、言い表すことができる。

ところが、月の位置となると、そうはいかなかった。空には目印が多くない。月は好んで雲と比較されてきたが、月も動けば、雲も流れてしまう。目にしている月の高ささえ言いがたいとすれば、なおさら、以前に見た月の高さの記憶などは、曖昧であろう。だが、月の高度についての記述が漠然としていることが多いのは、そのためだけではないようである。

そもそも、物体の高低をいうとき、高い、低い以外に、そのニュアンスまでを表現する語はあるだろうか。少し高いとか低いとか、高いと低いの中間ぐらいだとか、語の組み合わせでもって工夫する余地はあるだろうが、日本語は高い低いのあいだに対応する語彙そのものにめぐまれていないようである。他の言語でも事情は、おそらく、似たり寄ったりであろう。

実際には、本書のこれまでの章でも前提としてきたように、月は、たえず、コースを高く低くと変化させている。コースが高い、あるいは低いのはどんなときかの論にはいるまえに、月の高低はどのように表現されてきたか、若干の俳句や和歌や小説を参考にして、考察してみたい。

月には二様の低さがある

当然ながら、月は、コースが高くなければ高くならない。だが、低い月のほうには、二様の低さがある。昇りかけと沈みかけの月は、地平線の近くにあって、低いといわれる。だが、別の意味での低い月というものがある。コースが低い月である。この月は、昇りきっても高くならない。

二様の低さが月にはあるということ、これは、月がコースを上下に変えるということをしっているならば、容易に理解可能な事実ではある。ところで、俳人や歌人は、月の低さの二様態を区別していたであろうか。

古沼や鴫立て三日の月低し　正岡子規
柵の内木の間に盆の月低し　大場白水郎

子規の「三日の月」は、西の空に沈もうとしている夕月であり、白水郎のほうは、盆の月、陰暦七月十五日の宵の月である。一方は、沈みかけの、他方は昇って間もない月、地平線近くの月である。古沼およびそこから飛び立つ鴫は、月の風景のなかで、その高度を想像させる基準点の役割をなしている。白水郎の句でも、「柵の内」から「木の間」に見えたというのだから、月の高度はほぼ見当がつく。

白水郎は、その低い月が、時間とともにどんどん高くなるのか、昇りきっても低い月でしかないのかを意識していたであろうか。子規は、その「三日の月」が、日中、高いコースをとおってきたかどうかを考えていたであろうか。

二句とも、瞬間的な情景描写に終始している。二人とも、詠まれた状況、時点として描かれている状況において、見たところ低い、ということしかおそらく念頭に置いていなかったであろう。「月低し」は、月のコースではなく、月が地平線近くにあるという今現在の位置の低さのことになるだろう（なお次々節を読めばどちらの月もそこそこ低いコースをたどっていくあるいはたどってきたことがわかるはずである）。

とはいえ、月が高く低く頻繁にコースを変えるということ、このことに、四時《しじ》月を愛でてきた歌人や俳人が、一人として気づかないでいたとは考えにくい。ただ、高い月や低い月ないしかたぶく月については数多く歌われようとも、コースの高い月とコースの低い月とが、また、コースそのものの低さとコースの途上にあることでの低さとが詠み分けられることはなかったようである。本書で時としてなされている、大きかったり小さかったりする最高高度だとか、昇りきっても高くならない月などというもってまわった表現が、短い形式である和歌や、とりわけ俳句には向かない、ということもあるのであろう。

低しと短し――短夜

ちなみに、「低し」の語については、本書では深入りできないが、時代との関連での検証が必要であろう。『日本国語大辞典 第二版』の「ひくい」の項によると、「古く『低』の意には漢文訓読文では『ひきなり』、平仮名文では『みじかし』『ちひさし』などが用いられていた。平安末ごろに『ひきし(ひきい)』が成立したが、『ひきし』の変化した『ひくし(ひくい)』が一般化するのは室町時代末以後である」。

夏の月は、第三章でのべたように、夏の短夜と関連づけられることで、例外的に、コース的にも低いと感じられていたようである。「短し」の語が、空間的対象にも時間的対象にも使用されたことが、夏の月の距離的な低さ=短さと滞空時間の短さとを一括りにとらえる発想を生んだのではないかと愚考する。情感のレベルでいえば、夏の月は「はかない」ということになろう。「蛸壺やはかなき夢を夏の月」については、すでに、第三章第一節でのべている。

大町桂月は、美文調の『月譜』と題された随筆でやはり夏の月をはかないものとして描きだしている。ついでながら、桂月という雅号は、月の名所の桂浜に由来する。

ひとりにはひろき蚊帳の中、白くほのみえて、あふぐ團扇の音と共にえならぬ香り洩れて、縁には焚きさしの蚊遣火なほいきて殘れる夏の短夜に、またぬ月影、はや松の枝にかたむきそめて、さやけき光を、ねやの中まで送れるは、いかなる浮世の外の情ぞや。(1)

月の低さは、高度としては「さやけき光を、ねやの中まで送れる」で、時の推移としては「松の枝にかたむき」で、表現されている。その低さはまた、月がたどってきたコースの低さ、そして、滞空時間の短さに対応している。夏の月と夏の夜は、時の短さないしはかなさを競っている。「縁には焚きさしの蚊遣火なほいきて殘れる夏の短夜に、またぬ月影、はや〔…〕」というように、夏の夜は短く、明けやすいが、月もまた遅れをとるまいと早々に沈んでしまう。

月の可視時間

月の出から入りまでの時間は、可視時間と呼ぶことができる(これまでは空に浮かんでいるという感覚的把握から滞空時間とも呼んできた)。結局、夏の月のはかなさは、その可視時間の短さに対応している、ということになる。

月の可視時間は、そのコースにしたがって、長くそして短くと変化する。芭蕉や蕪村がとらえた月の可視時間は、コースが高ければ長く、低ければ短い。当たり前のようだが、そうでもない。これ（月の可視時間とコースの高さの正の相関関係――すなわち高ければ長く低ければ短くその逆も真という関係）には、中緯度地方に限られた現象である、という条件がいる。低緯度では必ずしもそうならない。また、高緯度では、月が出っ放しの日や、月が出ない日もあり、相関関係はなりたたなくなる。(2)

月は、それが出ているいまだけしか詠まれない、というわけではない。たとえば、次の歌では、月が渡っていったであろう一夜が念頭におかれている。

来《き》たりとも寝《ぬ》るまもあらじ夏の夜《よ》の有明月もかたぶきにけり　曾禰好忠(3)

これは、月の可視時間が少ないことと夏の夜の短さとを並行させた、典型的な歌である。「有明月も」の「も」で表現されているように、夜の進行も月の時間もせわしないと感じられている。好忠は、その月のコースが低いことをしっていたであろうと思われる。

好忠の歌は、「かたぶきにけり」と西に沈む有明の月の一例となっている点でも、注意を引く。というのも、「有明の月」は多く夜が明けても東に残る月をいうからである。有名な「いま来むといひしばかりに長月の有明の月を待ちいでつるかな」が、残月となっていく有明の月の、好個の例となっている。

好忠の『詞花和歌集』のころには、さきほどの『日本国語大辞典 第二版』によれば、「低し」

の語はまだ使われていなかったことになる。「ひきし」は成立していたが、「ひくし」へと変化した形での一般化はまだなされていなかった。短しの語が、時間的にも、また上下関係の意味で（高しの対義語として）距離的にも用いられていた時代、月の滞空時間の短さから月の距離的な低さ＝短さを連想することは、現代よりも容易であったことだろうと推測される。低しの語が使われるようになってからも、夏の短夜と、月の滞空時間の短さ＝はかなさとを結びつける伝統は、受け継がれていったのであろう。

夏の月は無条件で低いわけではない

伝統にしたがうがままに、本節ではここまで、夏の短夜の月は低いとしてきた。ところで、夏であるならば月はいつでも無条件で低いのであろうか。そうはいかない。すでに第三章第一節でも指摘したことだが、夏の月が低いのは、満月のころである。たとえば、白尾元理著『月のきほん』も、「夏の満月は低く、冬の満月は高い」ことを基本項目の一つとしているのであった。(4)

だが、伝統的には、無条件であるかのようにして、夏の月は低いとされてきた。これには、次のような事情がありそうである。

夏の月は低いという見方は、目立つ月だけに焦点をあてたものである。満月およびその前後のまるい月は、大きいだけに目につきやすいし、夜という鑑賞に適した時間帯に滞空する。そのような月はたしかに低い。だが、夏にも高い月はある。ただし、それは、細いし、日中を中心に滞空するという、二重の意味で目立たない。目立たない高い月が無視され、目立つ低い月だけをもって、夏の月は低いといわれるようになったとしても、当然といえば当然であろう。

夏のまるい月が低いコースをとおるのとは反対に、夏の細い月は、高いコースをたどる。このことは、朔月をはじめとし、細い月が、高い夏の太陽の近くにあることからも理解されよう。ただし、朔を中心とした数日間、月は強い陽光の輪のなかに隠されている。なお、月のコースの高い・低いについては、本章第三節を参照のこと。

高い月とは

月の低さには、二様の低さがある点で注意が必要であった。月の高さには、そのような曖昧さがない。見た目に高い月はコースも高い月であるに決まっているので、この二様の高さをことさら区別するようなことはしないでおこう。ただ、月の高さは、何をもって高いとするかの基準がはっきりしないという点で漠然としている。昇りきった月を高いとする向きもあるかもしれない。だが、これだと不都合が生じる。コースによっては、最高地点に達してもなお低い月があるからである。

今夜は月が高い、などという。高い月とは、見上げなくてはならない月のことであろうか。これだと、高いかどうかは、人それぞれの見方に左右されることになるだろう。どれくらい見上げたらよいのだろうか。ちなみに、筆者が試してみたところ、高度五〇度ほどでも高いという感じがする。六〇度だと、相当に高い。七〇度だと背骨に負担がかかる。人によっては、四五度、あるいは四〇度程度でも高いと思うかもしれない。

たとえば、高くも低くもないコースの月（後述のように中秋の名月がだいたいそうである）でも、高いとされることがあるだろう。ただし、夏の満月を高いとする人は稀であろうし、昇りきった冬の満月を低いとする人がいるとは思われない。

なお、「中秋の名月」という表記であるが、陰暦八月十五日の月を、「仲秋の名月」とするか「中秋の名月」と書くかという問題がある。慣習上、この二つの表記は混用されている。本書では、「中秋の名月」をもちいている。仲秋とは陰暦八月のことであるから、「仲秋の名月」だと、小望月や十六夜月などもふくめて葉月の良い月という意味も生じ、曖昧だからである。ただし、引用の場合は別である。

月を見るといっても、多くの場合、「月が出ているよ」「ほう出ているね」ぐらいで終わりであろう。一晩中見つづけることなど、ほとんどないにちがいない。人は、多く、月を一瞬見ただけで見た気になる。現に見ている高い感じの月が、昇るときはどうであったか、沈むときはどうなるか、別の季節ではどんな高さになりうるか、ということを考えない。人は、鑑賞すべくいま見ている月、あるいは吟ずべく思い浮かべる月を、他の月と比較しないことで、その高さを絶対的であるかのように感ずるものなのであろう。

横光利一の月（再検討）

とすれば、作家が、俳人が、いかなる月を高いとしたかを検討することで、その「主観」が、つねにとはいわないが、見えてくることもあるはずである。彼ら自身は意識しないでも、時刻・季節・月相などの手段からわかる実際の高さと比較してみようというわけである。

例として、一度すでに取りあげたものではあるが、横光利一の句を検討しなおしてみよう。

蟻台上に餓ゑて月高し

先にはシルエットの観点からであったが、今度は、季節との絡みである。季語は、「蟻」であるとしたら夏であり、「月」ならば秋である。一寸法師よりも小さい蟻の気迫、理想の高さと現実の低さがテーマであるとすれば、季語は、主役の蟻のほうであることになろう。『横光利一句集』[5]も、これを、夏の部に分類している（なおことわっておきたいのだが句集はその「あとがき」によれば横光の没後に選定されたものである）。

蟻は、気温の高い夏のころにもっとも活動的となり、寒さとともに動きを鈍らせる。季節が夏であり、詠まれているのがまるい月だとすれば、そのような月は低いことから、「月高し」は、なにやら、変である。

餓えている蟻が仰ぎ見る月は、満ちていると書かれてはいないが、句想からいって、まるまると太っていなければならないだろう。痩せた月では、餓えた蟻の羨望の対象にはならない。ところが、満ちた夏の月は低いのであった。

この句は、第二章第二節でものべたが、一見しただけでたんなる描写ではないという感じをあたえる。この第一印象の正しさは、月の高度の考察からも裏打ちされる。高く満ちた月に向かって、蟻が力強い前肢で襲いかかるという取りあわせは、横光利一の居住地である日本では考えにくい（ただし低緯度地方でなら話は別である）。

蟻は、月をうらやんでいるのだろうか、それとも餌と思っているのであろうか。いずれにせよ、挑みかかるに足る、福々と肥えた高い月を仰ぎみるためには、寒い季節をまたなくてはならない。だが、寒さに弱い蟻は、そのころ、勇気を喪失していることだろう。要するに、「蟻台上に餓ゑて月高し」は、自然界にはありえない光景、横光の心象風景である、ということになる。

季節は秋ではどうかと思う読者もいるであろうか。季語を「月」ととったとしよう。秋の満月、たとえば中秋の名月でも、人によってはけっこう高いと感じるであろう（秋の満月の高さは一応夏と冬の中間であると理解してもらってよいが詳しくは**付録（I）**を参照のこと）。秋の夜長の落ち着いた雰囲気のなかで、蟻もまた物思いに耽るというのであろうか。だが、愁思は、「餓ゑて」いる蟻の切迫感にそぐわないであろう。

冬の満月、あるいは、そこそこ高い秋の満月――秋も深まるとさらに高くなる――と、夏の活発な蟻という季節の不自然な組み合わせで、掲句は、破綻を来たしただろうか。いや、かえって生彩を帯びる。「餓ゑて月高し」のインパクトは、この齟齬のためにいっそう強烈となる。このギャップが、蟻の苛立ちを、もしまだ弱っていないとしてだが、倍加させる。この暗黙のうちの飛躍――月のふるまいに注目しなければわれわれはその飛躍に気づかなかったであろう――が、句に緊張感をもたらしている。夏の蟻と秋の月という二つの像のコラージュを眺めることで、鑑賞者の三半規管は、快く狂わされてしまう。

俳句の約束事を無視してしまうほどの強烈な観念性、その自由な発想法、ここにこそ、作家横光利一の俳句の本領があるようである。俳人としての横光は、二つの季節の組み合わせをおそれない。「紅マフラ山吹の池深うして」「残る雪枯草よりも沈みゐる」。季語という規範――季語とは歴史的沈澱物でありそれが規範として働く――に頓着しないその柔軟で挑戦的な発想法、そのことでいっそう季節に敏感であろうとすることへの固執、その意志と自負とが、横光の句に、硬質の強さをあたえている。

石川啄木の月

横光に劣らず、啄木もまた自負の人である。だが、その気負いには、わずかな感情でも、風趣でも、気にいれば、また気にいらなくても、誇張しないではいられない弱さもあるようである。月の観点から、ここでは、啄木の新聞小説『鳥影』(6)を取りあげる。

この作品は、明治四十一年十一月一日から十二月三十日まで、『東京毎日新聞』に掲載されている。啄木は、未完のまま、わずか二ヶ月で筆を擱くという苦汁を嘗めている。

舞台は、故郷の渋民である。水辺での蛍狩りなど、北上川の描写が印象的である。啄木は、執筆のために帰郷したのではなく、村で得た思い出を机上で掻き集め、組み合わせている。それが、回想であることは、執筆時、啄木が東京にいたことから明らかである。その描写は、記憶の作用によって強さを増し、鮮明となる。八月中ごろ、陰暦七月十五日のことである。

町の恰度中央《なかほど》の大きい酒造家《さかや》の前には、往来に盛んに篝火《かがり》を焚いて、其周囲《めぐり》、街道《みち》なりに楕円形な輪を作つて、踊が初まつてゐる。輪の内外《うちそと》には沢山の見物。太鼓は四挺、踊子は男女《をとこをんな》、小供らも交つて、まだ始まりだから五六十人位である。〔…〕月は既に高く上つて、楽気に此群を照した。

(二八二頁)

ただ、一点、奇妙なところがある。月の高さが変である。盆踊がはじまるころ、たとえば、七時ないし八時ごろ、月は高くないはずである。ちなみに、啄木が『鳥影』を執筆した一九〇八年、陰暦七月十五日(陽暦八月十一日)の渋民での月の出は、一八時一四分。八時で、月は一五・〇度である。なお満月は、十六日に当たっていた。

盆の月――名月の一ヶ月前の月は、一般に低めであり（暦では秋であるが夏に近いことからも低いことは理解されようが詳しくは次々節を参照のこと）、後述のように、渋民での盆の月もその例に漏れない。ところが、啄木は、盆踊の盛りあがりとともに、月を高く昇らせていく。

> 月は高く上つた。其処此処の部落から集つて来て、太鼓は十二三挺に増えた。笛も三人許《ばか》り加はつた。踊の輪は長く〳〵街路《みち》なりに楕円形になつて、その人数は二百人近くもあらう。男女、事々しく装つたのもあれば、平常服《ふだんぎ》に白手拭の頬冠《ほほかむり》をしたのもある。〔…〕二箇所《ふたところ》の篝火《かがり》は赤々と燃えに燃える。
>
> 月は高く上つた。
>
> 強い太鼓の響き、調子揃つた足擦《あしずれ》の音、華やかな、古風な、老も若きも恋の歌を歌つてゐる此境地《さかひ》から、不図目を上げて其静かな月を仰いだ心境《ここち》は、何人も生涯に幾度《いくたび》となく思浮べて、飽かずも其甘い悲哀に酔はうとするところであらう。――殊にも此夜の智恵子は、思ふ人と共にゐる楽しみと、体内《みうち》の病苦《くるしみ》と、唆る様な素朴な恋の歌と、そして、何がなき頼りなさに心が乱れて、その沈んで行く気持を強い太鼓の響に擾乱される様に感じながら、踊りには左程の興もなく、心持眉を顰《ひそ》めては、昵と月を仰いでゐた。（二八四～二八五頁）

盆踊は最高潮に達する。太鼓は鳴り響き、火は赤々と燃える。「共にゐる」その吉野の傍らにあって、智恵子の思いも極まっていく。と同時に、智恵子の体調は悪化していく（赤痢であったことがのちほど判明）。恋心と体調不良のため周囲から乖離しはじめた智恵子を、盆踊の熱狂と結びつけているものがあるとすれば、それは高く昇った月である。その夜の月はむしろ低かったはずで、月の高さは、踊りの興奮と智恵子の高揚感を極点へと引きあげるため、作者によって要請されたものと考えるべきである。

新聞小説ということもあるかもしれないが、『鳥影』の著者は、ストーリーを紡ぎだすために事件の強度を利用している。大学生である小川信吾の夏休みによる帰省ということからして静かな村にとっては事件であった。いまや医者の妻となっている清子への信吾の訪問も、かつて思い思われた仲であった二人にとっては事件である。信吾の友人で芸術家肌の吉野の出現は、智恵子や静子（信吾の妹）にとっては事件である。溺れかけた少年の救出。しまいに、智恵子は赤痢患者に仕立てあげられる（もっとも、渋民小学校の描写、北上川の流れ、岩手の自然、こういった日常が事件の強度を中和している）。

感情や気分の誇張という手法は、短歌では有利に働くことになるだろう。その傾向は、この新聞小説にもみられる。たとえば、友人吉野に智恵子を奪われた格好となった信吾は、屈辱と憤怒で自暴自棄になったものであった（その場面でも「月が上つた」とされている）。ただ、作品展開のために感情や事件の強烈さに頼らなければならなかったとすれば、小説技法としては心もとない。

啄木は、『鳥影』を未完のまま締めくくるにあたり、その作中人物の一人に歌を詠ませている。

秋の声まづ逸早《いちはや》く耳に入るかゝる性有《さがも》つ悲しむべかり　（二九七頁）

移ろう季節への敏感さは、歌人にとって、ふつう、美質であるべきものであろう。暗かったり寒かったりする季節の到来を嘆じることはあっても、その嘆きそのものが歌となる。ところが、啄木にとって、季節への過敏さは悲しむべき性質である。その敏感さは、感情や気分を誇張しないでいられない惨めな性癖、小説でいえば、事件の激化に頼ってしまう手法へと通じている。

啄木は、月をいやがうえにも高く昇らせようとした。腹の痛みのために吉野と別れ家路につく場面で、月は最高点、天心に達する。

天心の月は、智恵子の影を短く地《つち》に印《しる》した。太鼓の響と何十人の唄声とは、その月までも届くかと、風なき空に漂うてゆく。　（二八六頁）

本書の月学の立場からすれば、その夜の月が「智恵子の影を短く地に印した」ほどに高く昇ったとは考えられない。影が短いといってても長さはいろいろ考えられるだろうが、少なくとも智恵子の背丈よりも小さくなければ短いとはいえないだろう。実物よりも影が短くなるためには、月は四五度以上でなければならない。ちなみに、『鳥影』を執筆した年の盆の月の最高高度は、渋民で二八・六度であった、智恵子が吉野と別れたとき、月はまだ最高点に達していないはずであるから、智恵子の影は背丈の二倍どころか、三倍以上もあったはずである。

渋民での盆の月の高さは、ほぼ二〇度台の後半から四〇度台の前半あたりだが、石川啄木の生涯（一八八六～一九一二年）でいえば、ただ一度だけ、四五度を超えたことがある。一八九八年八月三十一日（陰暦七月十五日）の四五・一度である。このとき、啄木は盛岡の中学校で学んでいた。盛岡では、四五・二度。南中は夜十一時半ごろであるから、啄木がその月を見た可能性は低いだろう。

冬の満月こそは、智恵子を照らした月にふさわしい。啄木が東京の下宿で思い浮かべた月は、季節と連動していなかった。だがその高い月は、クリスチャンである日向智恵子の凛とした性格を際立たせているといえなくもない。

ところで、『日本国語大辞典 第二版』の「天心」の項に、文例として、まさしくこの「天心の月は、智恵子の影を短く地に印した」が引用されている。その例文は、作品全体から切りはなされたとき、「影を短く地に印した」というのであるから、「天心」の使い方として模範的であるようにみえる。智恵子を照らした月が高くありえなかったことがわかったいまになっても、『日本国語大辞典』による『鳥影』採用の正当性は失われていないかもしれない。「天心の月は、智恵子の影を短く地に印した」の一文から、トートロジックに、天心の月とは影を短くする月のことであると、「天心」の定義らしいものを引きだすことができるからである。

短いこの文例のうちにとどまるかぎり、智恵子を照らす月は高かった。だが、『鳥影』の月学的な点検をつうじて、われわれは、その天心の月も実は低かったのではないかと疑いはじめた。結局のところ、天心とは、空のどのあたりなのだと考えればよいのであろうか。

次節では、蕪村のあの句を取りあげよう。

（1）大町桂月『桂月全集第一巻』「月譜」、興文社内桂月全集刊行會、二二二頁。また、安東次男編『日本の名随筆58 月』、作品社、一九八七年、五九頁。

（2）任意の天体についての可視時間と最高高度の関係式については、たとえば、ポール・クーデール『占星術』有田忠郎・菅原孝雄共訳、白水社、一九七三年、一七一頁を参照。中緯度においては、この式において、可視時間の増加と天体の最高高度の増加は正の関係にあることがわかる。低緯度では、赤緯の増減と地上からのみかけの高度増減は一致しなくなる。高緯度では、式は計算不能となる。

（3）『詞花和歌集』所収。工藤重矩他校注『金葉和歌集・詞花和歌集』、『新日本古典文学大系』、岩波書店、一九八九年、二九五頁より引用。

（4）白尾元理『月のきほん』、誠文堂新光社、二〇〇六年、四六頁。

（5）久米正雄「横光君の俳句」。横光利一『横光利一句集』、宇佐市役所、二〇一八年所収、七頁。

（6）石川啄木『啄木全集 第三巻』、筑摩書房、一九六七年、一九八〜二九七頁。なお、以下、本節での同書からの引用は、本文中に頁のみを示す。

二　月天心とは

蕪村論といえば、決まって取りあげられる月の名句がある。

月天心貧しき町を通りけり　　与謝蕪村

萩原朔太郎をはじめ、この句を絶賛する人は少なくない。若いころの筆者も、どうやら、この句をよいと思ったのだろう。蕪村句集の二、三の版を比較検討するため昔に読んだ日焼けした廉価版も開くと、つけたのはかつての自分であろうか、この句の頭に丸印がある。

中村草田男の解釈

まずは、この句の評釈を、草田男ヴァージョンで挙げておく。

夜更けて月は天の真上へ登りきっている。自分はただ一人、寝しずまった貧しい町を通り抜けてゆく。両側の陋屋は丈低く、瓦は波うち、軒は傾き、あらゆるものが雑然と錯綜している。それらのいっさいが、真昼のように廓然と一つ一つの形状を描き出されながらも、水銀のようにかがやく月光に濡れてつめたく美しく、ただ一つにシインとひそまり返っている。(1)

句の情景として、「夜更けて月は天の真上へ登りきっている」とされてはいる。だが、どのあたりまでが真上であるのか、その検討は後まわしにしたい。まずはどんな形の月であるかを考えてみよう。

句の作者が貧しい町を通ったときの月を、まるいと思ってしまった人は少なくないはずである。草田男ヴァージョンも、その昼のような明るさを強調している以上、大きなまるい月と思っている、としてよいだろう。ちなみに、輝く面積が少ないとき、月の明るさは、満月と比べて、その面積の減少分以上に減じてしまう。(2)

二つのヴァリアント

蕪村自身、おそらく、明るいまるい月を念頭においていた。この月が、もともとは「名月」であったことが、その根拠である。

『蕪村集 一茶集』(日本古典文學大系)の校注によれば、(3)この句には、「名月やまづしき町を通りけり」（落日庵句集）および「名月に貧しき道を通りけり」（新五子稿）のヴァリアントがある。校注者暉峻康隆も、「月天心」の月を中秋の名月であるとし、「名月が中天に輝く夜ふけ寝静まった貧しい町を通りかかったが、これはまたこれで、名月の夜景たるを失わない」とする。

これらの句は、ヴァリアントであるとはいえ、それぞれ別の月を詠んだものかもしれない、という反論があるだろう。たしかに、句というものは、一語一語の比重が大きいこともあって、語を少しでも置きかえれば別物になってしまう可能性を秘めている。

ただ、月の立場からすれば、こう考えることができる。天心の月は、高いのであるから、「貧しき町」の人達が寝静まっている深夜、南にかかっていたはずである。他方、太陽はといえば、深更、北のほうの地の底にある。逆方向の太陽に照らされているわけだから、月はまるいであろう。このような推論から、この句の月は名月である、少なくともまるい、とすることは妥当であろう。

天心とはどこか

ところで、天心というのは、高いとはいっても、見上げたときの、空のどのあたりを指すのであろうか。草田男は「夜更けて月は天の真上へ登りきっている」としているとしても、その真上とは、観察者の鉛直線上に想定される点、天頂のことではないだろう。各地を転々としたとはいえ、蕪村が住んだどの場所でも、月が天頂に達することはありえなかった。

改めていま月の観点から見なおしてみると、月天心というときの月の高さはどのくらいか、どんな季節のどんな月かなど、興味がわいてくる。野暮はよせ、月は月のままでよい、という非難にたいしてはこう答えよう。再構成できるのであれば、詩の分解も悪いものではない、と。かつて、旧式のねじまき時計を分解しては、組み立て、再び動かしたように。

天心とは、『日本国語大辞典 第二版』によれば、①空のまんなか ②天の心〔…〕③神の心、である。②と③は形而上的であり、①だけが即物的意味である。「空のまんなか」とはいえ、どこからどこまでがであるのか、考えだすとけっこう難しい。真ん中とはいい条、それは、空の一点をなすヘソ、天頂のことではないだろう。

月が天心にあるという蕪村的表現が可能であるためには、天心は、天頂のまわりの多少とも広い範囲を指すということにならざるをえない。天心の月は、天頂にではなく、天頂と地平線とのあいだにある、と考えられる。

中秋の名月は、前節でも簡単にのべたとおり、高くも低くもない。ただ、すぐまたのべるように、年によって、その高さにはけっこう幅がある。同じ日に見る月であっても、当然、高度は観察する場所に依存する。北へいくほど、月は、緯度が高くなる分だけ低くなる。であるから、中秋の名月の年々の高さを比較するときには、観察場所を指定しておかなくてはならない。

蕪村は、大坂の毛馬に生まれたあと、江戸の日本橋、結城、宇都宮など、各地を転々とする。ただ、足跡にあわせてそのつど場所を変えると名月の高さの比較にならないので、あたかも、蕪村が終焉の地である現京都市下京区で一生をすごしたかのように考えよう。

蕪村が見たはずの名月

天文シミュレーションソフトの「ステラナビゲータ」で、蕪村の生涯（一七一六～八四年）の六九回にわたる中秋の名月の高さを調べてみた。場所は、京都市下京区に設定。参考までに、その全部を、巻末の**付録（Ⅰ）**に挙げておく。なお、「しら梅に明る夜ばかりとなりにけり」(4)なる辞世の句のあと、名月は見ることがなかった一七八四年についても記載してある。

その表を参照していただきたいのだが、蕪村が生きた期間において、名月の、真南にきたときの高度がもっとも大きかったのは、一七六五年（明和二年）の六二・三度、もっとも小さかったのは一七四二年（寛保二年）の四〇・四度である。高い名月と低い名月の差は、驚いた読者もいるかもしれないが、二二度ほどもある。中秋の名月が、年によってあるいは高くあるいは低くなる要因について、詳しいことは注を参考にしていただきたい(5)。

付録（Ⅰ）の表で、名月がもっとも早く南中したのは、一七五一年（寛延四年）の二二時二五分。月が最高点に達するのは、遅い年だと零時をまわる。蕪村の月見が、子の刻にまで及んだとは考えにくい。月のことであるから、そのとき、雲に隠れているということもあるだろう。

大谷晃一によれば、蕪村が月天心と詠んだのは、明和五年八月二日（西暦一七六八年九月十七日）、召波亭（上京の中立売通）においてである。題は「名月」(6)。

句会が陰暦でいう二日に当たっていたのだとすれば、蕪村を含む一同は、名月どころか月を一瞥さえしなかった可能性がある。二日月という言葉がないわけではないが、二日には、よほどの好条件が整わなければ月を見ることができない（運がよかったとしても夕方の短い時間だけである）。いずれにしても、「月天心」で詠われた月は、その年の中秋の名月（十三日後満月は最高高度五五・七度となった）ではありえない。

仮に何年何月何日の月ということではないのだとすれば、句は、蕪村の記憶のなかでの風景の月として解釈されなければならないだろう。ある決まった日時の名月の高さがどれくらいかではなく、蕪村が、生涯の経験の蓄積として、名月の高度についてどんな記憶をもっていたかが問題になる。名月は、年によって、多少とも高くなったり低くなったりするのであった。蕪村がそのような高さの変化に気づいていたかどうかはわからない。しかし、蓄積された無意識の記憶の範囲内で、ときにはその範囲を越えて、蕪村は、心象としての月を、あるいは高くあるいは低く、自由に思いなすことができた。月天心と詠まれた名月の天心は、そのような高さの極限である、といえるだろう。

名月をつり上げた評者達——髙橋治、萩原朔太郎、大谷晃一

句の解釈者達ほうでもまた、天心の月を、想像のなかで天頂近くまでつり上げることができたようである。まるい月の、高い極限は、冬の満月である。われわれもまた、蕪村の月天心が

秋の月であるという制約を忘れてしまい、冬の満月の高度を思ってしまうということがありはしないだろうか。

髙橋治はこの句にかんして「人影はなく、自分の影が足もとに小さい」と書く[7]。天心の月は、自分の影法師を小さくするほどにも高いのだという。石川啄木の「天心の月は、智恵子の影を短く地に印した」と同様の発想である。まるい月であることを考えあわせれば、髙橋治の月もまた、高さからして、冬の満月にふさわしい。

萩原朔太郎はこの句を次のように絶賛する。少々長くなるが、その評釈全部を引用しよう。

月が天心にかかつて居るのは、夜が既に遅く更けたのである。人氣のない深夜の町を、ひとり足音高く通って行く。町の兩側には、家並の低い貧しい家が、暗く戸を閉して眠って居る。空には中秋の月が冴えて、氷のやうな月光が獨り地上を照らして居る。ここに考へることは人生への或る涙ぐましい思慕の情と、或るやるせない寂寥とである。月光の下、ひとり深夜の裏町を通る人は、だれしも皆かうした詩情に浸るであらう。しかも人々は未だかつてこの情景を捉へ表現し得なかった。蕪村の俳句は、最も短かい詩形に於て、よくこの深遠な詩情を捉へ、簡単にして複雑に成功して居る。實に名句と言ふべきである[8]。

なるほど「空には中秋の月が」としてはいるものの、朔太郎のこの「冴え」た「氷のやうな」

月は、むしろ、冬の高い月である。「獨り地上を照らして居る」という点でも、月は高くなければならないだろう。

髙橋治が自分の足もとを見、萩原朔太郎が自分の足音を聞くのと同様、大谷晃一もまた、足音としじまに耳を傾ける。「夜更けに、月が中天に澄む。自分の足音がしじまに響く」(9)。このしじまに聞こえるのは、秋たけなわの虫の声というより、枯葉を踏む音、迫りくる冬の音でなければならないはずである。

蕪村が月天心と詠む中秋の名月に、彼らは、晩秋ないし初冬の月を、はては冬至の満月を感じとっている。本書の月学の観点からするならば、多くの人がこの句に引かれるのは、秋の月夜に、高い冬の満月を仰ぐという不思議さのためであろう。

本物の冬であったとするならば、雪の稀な国であったとしても、夜更けの通行人は、襟元をかきあわせ、背中をまるめ、家路を急がなければならなかったことであろう。ところが、髙橋、萩原、大谷のいう通行人は、悠々としている。月の宿る天界と、貧しい人達が暮らす下界とを比べたり、足音を高く鳴らしたり、自分の足音に耳を澄ましたり、足元の影を眺めたりと、余裕がある。だが、月だけは冬である。

極めて高いまるい月の下、快い秋気のなかを歩くというのは、月の観点からするならば、実際にはない、夢幻的な光景である。だが、月と季節が自由に結びつくことで、この不可能性は飛び越えられてしまう。ありえないものがありうるもの、不可能なものが可能なものとなってしまう。こうして、天心の月に照らされた家並みは、鮮明な、ありえないほどのリアリティーを帯びることになる。髙橋治は、句をこのように敷衍する。「貧しき町の細部総てが見えるのだ。たとえば、板葺き屋根の石、一個一個の輝きが違う」

そういえば、天心には、「空のまんなか」という即物的意味だけではなく、「天の心」「神の心」という形而上的意味もあった。天心の月を仰ぎ見る者は、幾分、その神通力に与っているかのようである。

天心の月だけが静止している

ところで、「月は、動いている人には止まっているように、止まっている人には動いているように感じられる」と第一章第一節で結論した。たとえば、歩いている人には、月だけが同じ方向に見え、つまり止まっているかのように感じられる(反対にまた一箇所に腰を据えて観察していなければ月がゆっくりと昇っていく様はとらえられない)。この結論は「月天心貧しき町を通りけり」にも当てはまる。

ここには、動く人そして流れていく風景と、他方、動かない月とのコントラストがある。歩いているのであるから、「貧しき町」は、歩みにつれて眺めを変じ、後ろへと去っていく。月だけは動かない。作者のほうは移動しているのに、いや、移動しているからこそ月は動かない。何物にも遮られることなく、唯一動かない点、定点である月は、こうして、超自然的な力を帯びる。

髙橋治は、「人影はなく、自分の影が足もとに小さい。ある種の〝魔〟を感じて急げば、足音が追ってくる」とした。天心の月でなかったら、この〝魔〟は感じられなかったであろう。

月が「天心」ほどに高くなかったとすれば

ヴァリアント二句「名月やまづしき町を通りけり」および「名月に貧しき道を通りけり」は、いずれも天心の語を含まない。月は比較的低いということが考えられ、そうなると、歩いても静止している月という高い月の効果は得られないであろう。このような月は、〝魔〟を生じえないはずである。

水原秋櫻子は、「月天心」という表現にさほど感じ入っていない。「技巧としてはさほどのものではなく、こういうことの得意な蕪村としては、格別の苦心もなかったことと思われる」。自然の写生だけでは飽きたらなかったこの俳人の詩心は、鑑賞のレベルでも同様で、月との交感だけでなく、「天心に照る月光をあびて、貧しい町筋を通った」作者の心境、生活臭のなかを横切るときの感覚に興味をもつ。そういったことを、「何の技巧もなく、真直ぐに述べたのは、当時としては珍しかったにちがいない(10)」。

ヴァリアントでは、時刻も、月天心の句より早いと考えられる。だが、秋櫻子は、天心の句についても、深更ではなく、月が最高点に達するまでにはまだ間がありそうな頃合い、初更ないし二更のあたりを思い描いている。

貧しい町の人の中には、月の美しさに関心を持たず、雨戸をなかば引いた家もあり、あるいはすでに寝入ったらしい家もあるが、中には貧しいながらも庭に縁台を置き、虫の声をききながら空を眺めている家もあるのであった(11)。

寝静まろうとしている町のこの生活臭は、語のレベルでも、ヴァリアントの「名月やまづしき町を通りけり」や「名月に貧しき道を通りけり」に漂っている、とすることができる。「名月」とは、光としての月の姿だけでなく、ときとして、十五夜独特の雰囲気、いわゆる良夜《りょうや》の味わいをも含むと考えれば、そういうことになる。いまの「名月に」「名月や」だと、「名月(の夜、が出ているとき)に・や」と補えばはっきりするが、「名月」は、良夜を過ごす人達の時空を含んでいる。

まださほど高くない早い時刻だと、月は低く、作者の歩みにつれて見え隠れする。通りに面した家々がたとえ貧しく小さくあろうとも、その屋根や軒がときとして月を遮る。ヴァリアントの月は、歩いても歩いても見下ろし続ける天心の月とはちがって、神通力をもたない。

屋根や軒に引っかかっている月も、だからといって、歩みにたいして停止しはしない。見え隠れすることにより、その月は、定点であることをやめ、屋根や軒にたいして動いている、と感じられるであろう。少なくとも、見え隠れによって、月は幾分あの魔力を失うことになる。その分、月は、人間性を獲得する。屋根や軒、町という構造物、人々の営みが、月の光をときとして遮るのだが、遮られるたびに見えてくるのは、秋櫻子が想像したような、町の生活である。だとすれば、「名月やまづしき町を通りけり」や「名月に貧しき道を通りけり」もけっこう面白い句である、蕪村らしい句である、ということになろう。

(1) 中村草田男『中村草田男全集 第七巻』、みすず書房、一九八五年、二四三頁。
(2) 古在由秀『月』、岩波新書、一九六八年、二五頁の第2図を参照のこと。たとえば、「半月〔…〕の頃は、月の明るさは満月の一〇分の一以下」になるという(二六頁)。
(3)『蕪村集 一茶集』暉峻康隆・川島つゆ校注、『日本古典文學大系58』、岩波書店、一九五九年、一四二頁。
(4) 同書、七〇頁。
(5) 中秋の名月、陰暦八月十五日の月が、年によって、あるいは高くあるいは低くなる要因は、複合的である。第一の要因は、中秋の名月とされる日が、太陽暦との比較において、早いか遅いかにかかわる(早いほど低く遅いほど高くなる)。第二の要因は、その名月が満ちているかどうか、実際上の老い具合にかかわる(若いほど低く老いているほど高い)。第三は、月の、一八・六年周期で変化する現象にかかわる(その周期にしたがって高くなったり低くなったりする)。
以上の三点について、もう少し詳しくのべよう。

第一の要因は、中秋の名月とされる日が、太陽暦との比較において、早いか遅いかにかかわる。蕪村の生涯でいえば、もっとも早いのが一七二九年・一七四八年・一七六七年の九月七日、もっとも遅いのが一七二一年・一七四〇年・一七五九年・一七七八年の十月五日である。名月の日が、早ければ早いほどその満月は低いし、遅ければ遅いほど高い、という傾向を示す。次節を参考のこと。

第二の要因は、その名月が十分に満ちているか、月齢の点で若いか老いているかにかかっている。お月見をする十五夜と望のあいだにはずれがある。満月が陰暦十五日だけでなく、十六日ときには十七日、まれながら十四日に当たることもある（詳しくは次節でのべる）ということからだけでもこのずれは理解されよう。名月が、もし、以上の意味で若いならば若いほど高度は低くなり、老いているほど高くなる。これも次節を参考のこと。

第三は、月の、一八・六年周期で変化する現象にかかわる。第三章第一節でのべたことだが、現象面だけを繰り返せば、月は、たとえば夏のまるい月や冬のまるい月の最高高度（ないし最低高度）そのものの高さを、年ごとに少しずつ変えてゆく。その上がり下がりが一八・六年周期で変化する。その同じメカニズムが、説明は省略し結論だけいえば、中秋の名月にたいしては、夏のまるく低い月が、とりわけ低くなる年を基準として、四分の一周期後には名月が高くなり、四分の三周期後には低くなるようにと働く。

（6）大谷晃一『与謝蕪村』、河出書房新社、一九九六年、一二二頁。「召波亭」については、一二〇頁。

（7）髙橋治『蕪村春秋』、朝日新聞社、一九九八年、八〇頁。なお、本節での髙橋治からの引用はすべて同頁。

（8）萩原朔太郎『萩原朔太郎全集 第七巻』「郷愁の詩人 與謝蕪村」、筑摩書房、一九七六年、二一〇～二一一頁。

（9）大谷晃一、前掲書、一二二頁。

（10）水原秋櫻子『蕪村秀句』、春秋社、一九六三年、一三三頁。

（11）同書、一三二～一三三頁。

三　年間をつうじて月の高度はどのように推移するか

月は、あるときには高いコースを、またあるときには低いコースをとおる、ということについてはすでにのべている。当然ながら、そのあいだのコースを行くこともある。

夏の満月は低く冬の満月は高い、ということについても何度か繰り返した。また、夏に満月が低いとき、反対に、朔月は（見えないが）高いということものべてある。

だが、年間をつうじて月を観察したとき、ある任意の季節、任意の相での月のコースはどれくらいの高さとなるのであろうか。つまり、〈年間をつうじて月の高度はどのように推移する〉のであろうか。その考え方の提示が、本節での主要な目的である。市販されている月の普及書には、しるかぎり、月の高度が年間をつうじてどう変化していくかにふれているものがない。この意味でも、本節のテーマは有用である。

その前に、準備として、月の動きを多少なりとも厳密に考えるための基本事項をのべておく。また、最後に、若干の応用をおこなう。

本書の見せ場は、結局、月学にもとづいた文学評論にあると考えてよいだろう。新しい感覚の月評論ということを意識したために、これまで、月の動きなどについての、長くならざるをえない説明はできるかぎり控えてきた。とはいえ、その月評論の底に「物理の月」の考え方が流れていたことにかわりはない。

本節では、反対に、月学的発想を前面に押しだしている。ただし、図式には頼らず、数式は注へ送ることにした。そのかわり、月の季節だとか、架空の時計といったイメージをもちいることになった。正確を期そうと願えば、説明は長くならざるをえないが、ご寛恕願いたい。

ウォーミングアップ（復習）

またまた、繰り返しになってしまうのだが、白尾元理著『月のきほん』でも、その基本項目の一つとして、「夏の満月は低く、冬の満月は高い」[1] ことをあげている。

この『きほん』では、観察地として、日本を中心とした北半球を想定しているようである。南半球では、一見したところ、逆になることが危惧される。ただし、南半球でも、クリスマスあたりを夏とし、冬も逆転させれば、考え方は北半球と同じであり、「夏の満月は低く、冬の満月は高い」という基本が通用する。

夏といっても、ほぼ三ヶ月の幅がある。夏とは、暑い七月・八月のころ、冬は、寒い一月・二月と思う読者もいるかもしれない。ただ、これは天文の話であるから、夏至を中心とした三ヶ月、冬至を真ん中においた三ヶ月と考えていただきたい。であるから、「夏至の満月は低く、冬至の満月は高い」としたほうが正確である。

ところが、夏至や冬至の日がちょうど満月に当たるとはかぎらない。「夏至に近い満月は低く、冬至に近い満月は高い」とすればよいようなものである。だが、夏至・冬至からはずれてしまうと、低かったり高かったりする相も、満月からずれてしまう。本書では、満月から少しずれた月をも含めて、「まるい月」と呼んでいる。「満月」ではなく「まるい月」という表現をしばしばもちいているのは、満月からずれた前後の小望や十六夜をも拾うためである。ただ、「夏の満月は低く、冬の満月は高い」が、やはり、『月のきほん』であることにかわりはない。

夏至・冬至の満月と、夏至・冬至に近い満月のあいだに見込まれるずれの効果については、再検討することにしよう。

夏至と冬至での太陽と月

太陽の高さが夏至に最高となり、冬至に最低となるという変化が生じるのは、地軸――地球の自転軸――の傾きのためである。すなわち、地軸は、太陽のまわりをまわる軌道面にたいして、垂直状態から二三・四度ほど傾いている。季節とともに、地球は、太陽にたいして地軸の向け方を、結局、日光の受け方を変えていく。北半球では、地球の北極が太陽に近づくようにと、地球の南極が太陽から遠ざかるようにと傾いたときが夏、逆方向に傾いたときが冬である。

いま、北半球では夏であるとしよう。このとき、地軸は、のべたように、北極は太陽に近く南極は太陽から遠いといった方向に傾いている。これは太陽に注目した場合であるが、月ではどうであろうか。夏、月はいましも満月であるとしよう。満月のとき、太陽は、地球をはさんで月のちょうど反対側にある。今度は、月と地球の関係に注目すれば、地軸は、その北極が満月から遠い方向に、南極は満月に近いといったふうに傾いている。地球と夏の満月のこの位置関係は、冬の太陽と地球の関係に相当することがわかる。

同じことを、説明しなおそう。満月時、月は、地球をはさんで、太陽の反対側にある。間にある地球を、傾きまで考え、スラッシュ（／）で表現するとすれば、三天体の位置関係は「太陽／月」のように書きあらわすことができる。スラッシュの一方の端では、太陽のほうへ首をかしげている分、月からは遠ざかっている。他方の端では、太陽から足をそむけている分、足を月に近づけている。つまり、満月時、月は、太陽でいう夏とか冬とかという季節を逆にした状態にある。つまり、**夏の満月は、冬の太陽である。冬の満月は、夏の太陽である。**

月相

すでに、本文でも、「月相」（たんに「相」とも）という語はもちいられている。ただ、続いて「月齢」についてのべる下準備の意味もあり、遅ればせながら、月相という用語の使い方の確認をしておきたい。

月の形を、ないし月がその形になる日をさすのに、陰暦では、三日月、十三夜、小望月、十五夜、十六夜（じゅうろくや、いざよい）、立待月、居待月、寝待月、更待月、二十六夜などといった言い方をする（陰暦の日付にあわせてほかにも四日月、六日月、十二夜などということができる）。これらの名称は、月の満ち欠けの進行の段階、月相をあらわしている。

なおこれも後出しだが、本書では、いわゆる「旧暦」を、慣用にしたがって「陰暦」と呼んでいる。ここでいう「陰暦」は、月の運行だけに依拠した純然たる陰暦ではなく、これを太陽の動きでもって調整した暦法、太陰太陽暦である。

月相は、陰暦の日付と対応するような整数で構成されている。三日月、十三夜、十五夜、十六夜、二十六夜では数が文字そのものに含まれているが、そうでない場合も、小望月は十四日、立待月は十七日と、整数に対応している。月相の表現は、満ち欠けしていく月の形状を大雑把にとらえるだけでよいとき――本書でもだいたいはそうである――には、便利である。なお、もっと細かい、小数点以下をともなった表記法として、すぐまた取りあげる「月齢」がある。

望と朔

すでに、「望《ぼう》」「朔《さく》」という語ももちいられているが、補足をしておきたい。

朔は、「つきたち、ついたち」とも読むように、日常的には陰暦の第一日目の謂いであるが、天文学的には、地球から見て、太陽と月がちょうど同じ方向にある状態・時点のことである。日常語としての朔は、大雑把に、暦の日付に対応するだけだが、天文学的朔は、時点として、何月何日何時何分と表記される。

地球から見た太陽と月がちょうど反対方向にある状態ないし時点が天文学的意味での「望」である。たいして、「今日は満月だ」というときのように、日としての満月がある。たとえば、二〇二一年五月でいえば、二十六日の二〇時一四分という時点が望であり、その時点を含む五月二十六日（陰暦四月十五日）という日が満月である。ところが、望と満月は、同義語として使われることもある。たとえば『天文年鑑』（誠文堂新光社）では、両天体がちょうど向きあう時点をもって満月としている。本書でも、時点か日かを神経質になって区別する必要のない場合、時点をも漠然と含ませて、満月とすることがある。また、本書ではおこなわないが、望を含む日（つまり満月）そのものを望とする使い方もある（そのような暦がある）。

なお「ちょうど同じ方向にある」とか「ちょうど反対方向にある」としたとき、太陽と月と地球という三天体が同じ一つの平面上を動いているとでもいった単純化がなされていることを断っておきたい。実は、さきほど、「満月のとき、太陽は、地球をはさんで月のちょうど反対側にある」としたときにも、同じ単純化をおこなっていた。実際にもし「ちょうど反対側に」きたとすれば月は満ちるどころか月食になってしまう。もっとも、この単純化のおかげで、「夏の満月は冬の太陽である」というようなわかりやすい言い方をすることができた（ねじれまでを含めた論は第三章第一節でなされている）。

月齢

以上の「朔」を起点（ゼロ）としたとき、そこからの経過時間が「月齢」である。月相が日にちに応じた整数で表されるのにたいし、「月齢」という数値は、月の暦などでは、小数点第一位まであたえられているのがふつうである。その〇・一は、二四時間の一〇分の一（一四四分）に相当する。また、「日数で数えるのではあるが、月齢に通常単位はつけない」という。(2) その数値は、月を眺めている一夜のうちにも陽光にかき消されている昼のあいだにも刻々と増加していく。

月齢のほうが、相よりも月の熟し具合の表現として、きめ細かい。月相は、日単位の整数表現であるわけだから、小数点以下には応じていないという点で、精度が低い。月の状態は、一日のうちにも刻々と変化していくというのに、である。

月齢と月相には、無視できないちがいがある。月齢はゼロからスタートするが、月相にはゼロの概念がない。いきなり一から始まるため、月相を月齢と対応させるときには、この点、注意が必要である。

月相と月齢のずれの話をしておきたい。暦でいう朔日と、月齢の基準点である朔のあいだの関係は、その月々によってまちまちである。同じ陰暦一日でも、天文学でいう朔が、一日のうちの早い時間に起こっている月と、遅く生じている月がある。たとえば、二〇一九年陰暦十一月一日（陽暦十二月二十七日）では、朔は〇時六分である。たいして、二〇二一年陰暦七月一日（陽暦八月八日）の朔は、一二時五〇分である。[3] 陰暦でいう朔日の相が「一」でしかないのにたいして、月齢には、二四時間近く、数値にして一・〇ほどの幅がある。

具体的には、つまり、こういうことである。月齢は、ふつう、暦や年表などではその日の正午時点での値であたえられているので、このいわゆる正午月齢で考えてみよう。いまの二〇一九年陰暦十一月一日では、朔が〇時六分であったから、約半日後の正午月齢は、〇・五である。二〇二一年陰暦七月一日の正午月齢は、約一二時間後にでなければ朔にならないから、マイナス〇・五である（なお暦や年表などではこの日の正午月齢として二九・一があたえられているが七月二日の正午月齢が〇・五であるから一日戻ればこれをマイナス〇・五とみなすこともできる）。結局、陰暦で一口に一日と呼んでいる日にも、正午月齢でいえば、マイナス〇・五からプラス〇・五までの幅がある。

月相にはゼロの概念がない。そこで、月相マイナス一をもって、仮にその日の正午月齢であるとみなせば、その誤差はプラスマイナス〇・五である。月齢も月相も、どちらも日毎に一ずつ増えていくわけだから、この差は、月が齢を加えても解消されることはない。月相による月の成熟度の表記と月齢による進行表記の差は、誤差の原因となる。

月齢がわからないとき、それを月相から、不本意ながら推定しなければならない、というケースもあるだろう（たとえば本節の**例題1**や**例題2**）。その場合、いまおこなったばかりのように、月相マイナス一をもってその日の正午月齢とするのが、とりうる値の平均値という観点から、妥当である。たとえば、陰暦五日の正午月齢は、最小三・五、最大四・五であるから、その平均値は四・〇、すなわち月相マイナス一である。

本書では、適宜、この「月相」と「月齢」を使いわけている。

十五夜＝満月とはかぎらない

月相による表現は、満ち欠けの実際の進行状態と、一日、二日ほどずれることがある。そのわかりやすい例が、「満月」である。十五夜――陰暦十五日――が、一応、相としては満月の表現となっている。ところが、満月になるのは、十五夜とはかぎらない。暦をめくればわかることだが、満月が、十六夜にくることも稀ではない。さほど頻繁でないが、十七日に起こることもある。十七日の満月は、たとえば、本書の執筆時期についていえば、二〇二〇年一月十一日（陰暦十二月十七日）、二〇二一年の一月二十九日（十二月十七日）と三月二十九日（二月十七日）、二〇二二年の二月十七日（一月十七日）と四月十七日（三月十七日）がこれに該当する。稀ながら、満月が陰暦十四日に当たることもある（一例として一八九七年八月十二日、陰暦七月十四日）。相による月の状態の表現は、このように、実態から一、二日ほどずれてしまうことがある。

満月が、十五夜であったり十七夜であったりするこのずれは、整数へのまるめ方の具合だけでは説明できそうもない。満月の日がこのように動くことを、どのように考えたらいいのであろうか。

第一には、月の満ち欠けの進行速度が、一様でないことが考えられる。地球をまわる軌道が完全な円でないため月は近いときには速く遠いときには遅くまわる。

第二には、［月齢］でのべたような、陰暦の第一日目からすでにはじまっているずれをあげなくてはならない。一日に一日《ついたち》といっても、そのスタート時点からして、月の状態に、一日程度の幅でばらつきがある。

地球目線と宇宙目線

さて、いよいよ〈年間をつうじて月の高度はどのように推移するか〉の本題にはいっていきたいのだが、そのためには、地球から月を見えるがままに見ているだけでは十分でない。太陽と地球と月の位置関係を、宇宙空間での配置としてとらえる目も必要である。

地球の観察者からすれば、動かないのは自分自身であり、大地である。動くのは、太陽と月である。この地球目線と呼びたい視線がとらえるのは、天球（観察者の上にお椀のように被さっているとみなされた半球）上を動く月と太陽である。太陽は天球上を昇っては沈み昼と夜を作りだす。

たいして、もう一つの目線を考えてみよう。今度は、地球は、自転をしない一点であるとしよう（この仮定は地球の自転の効果たとえば昼と夜の交替に惑わされないようにするためである）。このとき、動かないのは恒星群すなわち星座、ないし宇宙という背景である。地球が太陽をまわったりするぐらいでは、星々が見える方向には変化がないと考えよう。このとき、地球から観察して、太陽は、一年をかけて星座のなかを動いていくのが見られるであろう（地球の公転のため反対に太陽が動くように感じられる）。月もまた、一ヶ月ほどかけて星座のなかを移動していくのが観察されるであろう（月が地球をまわっているためである）。この目線を、地球目線と対比させて、宇宙目線と呼ぶことにしよう。

以下では、地球目線と宇宙目線とを、適宜、切り替えなくてはならない。というより、この二つの目線を同時にもっていなければならない。

月は一年間に地球を一三と三分の一周する

何かの間違いではないか、月が一年間に地球をまわる回数は、一二と三分の一ではなかったかと、首をひねる読者もいるかもしれない。

たしかに、一年は、月暦でいうと、一二ヶ月と十一日ほど、一二と三分の一ヶ月ほどである。であるから、月は、やはり、一年間に地球を一二回あまりまわりそうなものである。ところが、これにプラス一をして、一三回あまり、としなければならない。ちがいは、地球目線と宇宙目線に関連する。このプラス一の意味を考えていこう。

陰暦は、いうまでもなく、月の満ち欠けに依拠している。同じ月相、たとえば、朔から次の朔までが陰暦の一ヶ月である。このとき、地球目線からすれば、月と太陽と地球の関係は、もとに戻ったように感じられるであろう。朔では同じ方向にあった月と太陽が、離れあい、ふたたび同じ方向に戻る。これが陰暦でいう一ヶ月であり、その間に、月は地球を一周した、と。

ところが、月は、宇宙目線からすれば、地球を三六〇度まわっただけでは、太陽との同じ関係を取り戻すことができない。この間、地球もまた太陽のまわりを動いているからである（太陽こそはその分だけ星座のなかを動いたともいえる）。月は、太陽と同じ方向にくるためには、太陽の方向が変わった分だけさらにまわらなくてはならない。地球目線で朔が再び朔となった、つまり一周したと感じるとき、月は、三六〇度プラスαを動いている。

ここで、三六〇度というときの基準ないし背景は、恒星の織りなす模様、星座あるいは宇宙である。プラスαとは、その間に（朔から朔へといたった間に）、太陽が宇宙を背景にして動いた角度である。一年間では、プラスαの合計は、地球が太陽をまわる（あるいは太陽が地球をまわると感じられる）角度の合計、すなわち三六〇度、まわる回数にして一回分となる。つまり、月は、宇宙目線では、その分だけ多くまわったことになる。結局、月は地球を、年間に、朔望の回数である一二回と三分の一にさらに一を加えて、一三回と三分の一だけまわる、ということになる。

恒星月と朔望月

朔望月とは、文字通り、月が満ちて欠けてまた元に戻るために要する日数の平均値である。

朔望の周期は、陰暦が大の月と小の月、すなわち三〇日の月と二九日の月をほぼ半々にもつことからも、二九日半ほどであるという見当がつくであろう。朔望月は、詳しくは、二九・五三〇五八九日(4)である(以下四桁だけをとって二九・五三日とすることがある)。

朔望月の「月」は、「げつ」と読み、ムーンではなくマンスの意である。もう一つ、恒星月のほうも同様に「げつ」である。

恒星月とは、月が、恒星の織りなす模様を背景にして地球を一周するのに要する日数の平均値である。恒星月は、二七・三二一六六二日(5)である(以下二七・三二日とすることがある)。

朔望月は地球目線のマンス、恒星月は宇宙目線でのマンスである。恒星月は、陰暦での一ヶ月、すなわち月の満ち欠け、朔望月(その平均値)よりも少しばかり短い。

一年の日数(三六五・二日)を朔望月(二九・五三日)で割ってみよう。その値一二・三七は、月が年間に満ち欠けをする回数(平均)である(すなわち地球目線で月が一年に地球をまわる回数)。他方、一年の日数(三六五・二日)を恒星月(二七・三二日)で割ってみよう。その値一三・三七は、宇宙目線で、月が一年で地球をまわる回数である。その差、一三・三七引く一二・三七は、ちょうど一回であることが数値のうえでも確かめられた。ここでのべている、一年の日数と朔望月と恒星月の関係は、一つの等式であらわすことができる。その式は、注にまわそう(6)。

以下、小数点以下何桁もともなう数値をできるだけ出さないという方針から、多くの場合、一二・三七をやはり「ほぼ一二と三分の一」、一三・三七は「一三と三分の一ほど」と表記しておく。煩わしいので「ほぼ」や「ほど」を省略することもあるが、これは、およその値であることを断っておきたい。こうお断りしておけば、「三分の一」を含むからといって三倍すれば一二と三分の一がちょうど三七になるとか、一三と三分の一の三倍がきっかり四〇になるというような誤解も生じないであろう。

ところで、ここでいう「一年の日数」については注意を要する。以上でいう一年は、われわれが人間生活で使っている暦、太陽暦での一年とわずかに異なっている。これは、太陽年（太陽暦でいう一年）よりも二〇分ほど長い、恒星年とよばれる一年である。太陽年と恒星年のちがい、また、なぜ恒星年をもちいるのかなどについては、注[7]を参考にしていただきたい。

もっとも、恒星年（三六五・二五六三六日）と太陽年（三六五・二四二一九日）のちがいは、比（一・〇〇〇〇三九）でいえば、ごくわずかである。さきほどは、「一年の日数」を三六五・二日としたため、両者のちがいは、計算結果に反映されなかった（それほどに両者の比は小さい）。このちがいはまた、「（ほぼ）一三と三分の一」云々といった大雑把な本書の論法には影響するほどのものでない。

この一三と三分の一という比は、本節では重要な意味を帯びることになる。すなわち、この比は、星座ないし宇宙を背景として、月は、太陽の一三と三分の一倍の速さで動く、ということを意味する。太陽は、一年間に、星座のなかを一回だけめぐる。その間、月のほうは、一年間に、星座を背景にして地球を一三と三分の一周する。つまり、宇宙目線でいえば、月は太陽の一三と三分の一の速さで動いている、ということになる。

コーヒーブレイク1

ここでは、朔望月と恒星月、太陽年ということの練習、応用、そして遊びを兼ねて、同じことを、月の出の遅れという観点から、別なふうに考えてみたい。

まず、月の出について考えてみる。月の出が日に日に遅くなっていくことは、よくしられている。ここで、地球の北極側から太陽系を俯瞰してみよう。この方向から見ると、地球の自転は反時計回りであり、（月が地球をまわる）月の公転も反時計回りである。太陽もまた反時計回りである（地球こそは太陽を反時計回りに公転しているのであるが）。地球の自転方向と、月が地球をまわる方向は同じなので、星座を背景とした月の動きは、これにたいする遅れとして働く。太陽の場合も同様で、星座間を、月ほど速くはないが、少しずつ遅れる方向へと動いている、とすることができる。

さて、日毎の月の出の遅れは、平均すれば四九分である。四九分というのは、一日すなわち一四四〇分を朔望月（二九・五三日）で割ったものである。今度は、一日、一四四〇分を恒星月（二七・三二日）で割ってみると、ほぼ五三分（一日における月の星座にたいする遅れの平均値である）となる。五三分と四九分、その差四分について考えてみよう。

この四分は、地球からみた、星座の運行と太陽の運行の、一日における差に相当している。星座を基準にすれば、太陽は、一日に四分ずつこれに遅れをとっている。四分に、一年の日数、約三六〇を掛けると一四四〇分（すなわち一日）となる（端数分のちがいは四分が概数であることからくる）。この一日の意味は、次の**コーヒーブレイク2**で明らかになろう。

ところで、星座にたいする月の遅れ五三分を太陽の遅れ四分で割ってみよう。五三割る四は、ほぼ、一三と三分の一（計算結果が少々ずれるのは数値をまるめたことによる誤差）。ここでも、月が太陽の一三と三分の一で動いていることが確認される。

四九分を四分で割ると、ほぼ、一二と三分の一（計算上のわずかな誤差あり）。一二と三分の一は一年における朔望の回数であるが、一二と三分の一という比は、地上で感じられる、太陽による季節の進行と、月による時の進行の速さの比であるとみなすこともできる（「月にも「きせつ」がある？」で後述）。

コーヒーブレイク2

月は、地球目線では、一年間に地球を一二と三分の一周するように感じられるが、宇宙目線では、これに一をプラスして、一三と三分の一周するとしなければならないのであった。プラス一をするという意味では同じことが、太陽と地球のあいだの関係にも生じている。

地球は一年間に何回、自転をするであろうか。一年は三六五日と四分の一であるから、もちろん三六五と四分の一である、と思ったとすればまちがいである。これにプラス一をし、三六六と四分の一回としなくてはならない。

地球は、星座を背景にして三六〇度ちょうどの自転をしただけでは、太陽を再び同じ方向にとらえることはできない。そのあいだに、地球からみて太陽は（太陽からみて地球はといったほうが正確ではあるが）、角度にして一度ほど移動してしまっている（三六〇度を概算で一年三六〇日として割ればそうなる）。その約一度のずれを取り戻すために、地球はさらに、一日の三六〇分の一ほど、すなわち四分ほど、追加の自転をしなくてはならない。その追加の四分が、一年では積もり積もって一回転分となる。つまり、地球の一年間における自転回数は、宇宙目線では、三六五と四分の一に一をプラスしなくてはならない。すなわち、三六六と四分の一回である。

月にも「きせつ」がある？

太陽の一年分の動き（地球の公転）が、春夏秋冬という季節を生みだしていることはいうまでもないだろう。地軸が公転面（太陽のまわりをまわる地球の軌道によって描かれる面）にたいして、垂直状態から二三・四度ほど傾いているため、太陽は高くなったり低くなったりする。こうして、季節が作りだされる。

ところで、月にも同様の「きせつ」があるといったら、驚かれるであろうか。ここで、実際に月には四季があるといっているわけではない。月には桂の木が生えているという伝説が中国にはあるというが、その木が芽吹いたり、紅葉したり、落葉したりというのではない。月にも、太陽高度の季節変化に対応する高さがあるといっているだけである。

月もまた、地軸を傾けた状態の地球のまわりを公転している。その公転面（地球をまわる月の軌道面）は、さきほどの公転面（太陽をまわる地球の軌道面）と、角度にして五度ほどのねじれはあるものの、ほぼ同じである。ただし、星座ないし宇宙を背景にして、月は、地球から見て、太陽のほぼ一三と三分の一倍の速さで動くのであった。とすれば、高さ低さという観点からしても、月は太陽の一年分を、一三と三分の一倍で体験する、ということになる。月の「きせつ」とは、この動きがもたらす効果のことである。

ここには、理解を明確化するための看做しがある。星座を背景にして、太陽と月は同じ道をとおるという看做しである。実際には、のべたように、五度ほどずれているのだが、このねじれについてはすでに第三章第一節でふれている。

簡単にいえば、月の高いときが月の「なつ」、月の低いときが月の「ふゆ」である。高い状態から低いへ移行するあいだが「あき」、低いから高いへ移るときが「はる」である。太陽は一年に一度だけ高低のサイクルをたどるのにたいして（というより太陽のその一サイクルを一年と呼んでいる）、月は、高い・低いを頻繁に繰り返す。そのリズムは、平均してのことだが、恒星月（二七・三二日）である。

ここで、ある提案をしておきたい。以後、太陽に起因するいわゆる季節にかかわる語については漢字で、月の季節にかかわる語についてはひらがなで書きあらわす。二つの系統の時節が頻出するので、混乱を避けるためである。すなわち、太陽による季節については、春、夏、秋、冬、一年、春夏秋冬、季節などと記すのにたいして、月については、はる、なつ、あき、ふゆ、いちねん、しゅんかしゅうとう、きせつ、などのようにひらがなとする。

なお、本章の最初の節では月には二様の低さがあるとしたが、ここでは、月が低いとは、もちろん、月のコースが低い、ないしは、月が昇りきって最高高度に達しても低いの意にとっていただきたい。同じく、月が高いとは、月のコースが高い、最高高度が高いという意味である。

年間をつうじて月の高度はどのように推移するか

月のきせつは、恒星月のリズムで推移していく。月は、恒星月の周期で高くなったり低くなったりする。原理としては、これで終わりである。北半球でいえば、少々傾いている地軸の、北極星を指している側に近いあたりの軌道をとおるときが月のなつ（月が高くなる）であり、遠い側がふゆ（低くなる）である。恒星群を背景にして一定の方向をたもっている地軸のまわりを公転するわけだから（地軸の方向の長期的変動はいまは考えていない）、月のきせつの周期は恒星月である。

ただ、月のきせつは恒星月のリズムで推移するとはいっても、これには、解説や譬えや例示が必要かもしれない。恒星月のリズムに慣れている人はあまりいないだろうと思われるからである。

恒星月は二七・三二日、朔望月は二九・五三日。この二つのリズムは、ほとんど同じともいえるが、微妙にずれてもおり、油断していると差がどんどん広がってしまう。

解説をわかりやすくするためには、二つの仕方があるだろう。一つは、朔望月と恒星月を、仮に一旦、同じもの、同じ長さのものとする、という看做しによる説明である。そのうえで、第二段階として、朔望月と恒星月のちがいを強調するのがよいだろう。

朔望月と恒星月のちがいを無視してみよう

月の満ち欠けの一サイクル（朔望月）は、それよりも短い恒星月をすっぽりと抱きこんでいるわけだから、仮に、朔望月と恒星月を同じものとみなし、月が、朔望と同じリズムで高低を繰り返すものとしよう。

たとえば、夏至の日、月は朔であるとしよう。月は、見えないにしても、夏の高い太陽の傍らにあるから、やはり高い、ということは理解していただけよう。このとき、月もまたなつである。一四、五日もすると、月は満ちる。これは、夏の満月であり、低いということは繰り返してきたとおりである。このとき、月はふゆの状態となっている。その途中の、夏至から四分の一ヶ月経過したあたり、上弦のあたりで、月が高くも低くもないことは、中間状態であることから納得していただけよう。なつとふゆのあいだであるから、そのきせつはあきである。次には最低状態のふゆである。その満月の四分の一ヶ月後、月は、高くも低くもないはるとなる。さらに四分の一ヶ月後、夏至から数えて一ヶ月後、月はふたたび高くなり、高いなつに戻る。月の満ち欠け一回分は、はる、なつ、あき、ふゆ、すなわち月のまるいちねんを含んでいることがわかる。月のきせつは、太陽の季節の一二、三倍の速さで進行するという観点からも、このことは理解されよう。

月の山、月の谷は相のなかを移動する

ところが、実際には、一つの朔望は、次のいちねんのはじまりの一部をも含みこんでいる。言い換えれば、月のいちねん（一恒星月）は、満ち欠けのサイクル（一朔望月）よりもわずかに短い。今度は、この差分に注目してみよう。

月は、以上、頻繁に高くなったり低くなったりする。高い状態を時間的にとらえればなつであるが、空間的にみれば「山」ということができる。同じく、ふゆの低い月は「谷」にある、ともいえる。なつとふゆとしても同じことなのであるが、今の場合、山と谷と呼んだほうがイ

メージしやすいであろう。

結論からいえば、月の山や谷は、朔望のサイクルが一つ進むごとに、月相の若いほうへと二日分あまり、ずれていく。一年後には、山と谷は、月相のなかを一巡し、ほぼもとの位置に戻る。谷から谷への、また、山から山への間隔は、一恒星月であり、一朔望月よりも幾分（二日あまり）短いから、谷の到来は（山に注目しても同じであるが）、サイクルが進むごとに、月相の若いほうへとその分だけ早まっていく。月の山ないし谷は、このペースで、月相を遡っていく。こうして、山と谷は、一年をかけて、月相のなかをほぼ一巡する（「ほぼ」の意味は後述するが月の状態はきっかり一年後にまえとまったく同じになることがないことは理解していただけよう）。

この循環に注目すれば、特定の時期（たとえば春や秋やまた何月ごろかなど）における、月の相と月のきせつの関係――たとえばなつやふゆが相のどのあたりに訪れるか――の見当をつけることができる。

奇妙な時計

概要は以上のとおりであるが、細かい設定に対応させるため、さらなる説明と例示を、ちょっと変った時計を使っておこなってみたい。

それは、上が零時（十二時）、下が六時の、一見、ふつうの時計である。ただし、長針と短針の動く速さの比が一三と三分の一であるような、奇妙な時計である。

この時計は、太陽系を地球の南極側から眺めたときの、月と地球の動きに対応している。その側から見ると、月は地球を、そして太陽も地球を（地球は太陽をといったほうが正確であるが）時計回りにまわっている（ふつうは北極側から見て反時計回りといわれるが同じことである）。

短針は太陽の、長針は月の動きに対応している。零時は、太陽の夏であり、月のなつである。三時は、太陽の秋であり、月のあきである。六時は、冬であり、月もふゆである。九時は、春であり、はるである。こう設定しておけば、月相がどのように変化しようと、月の谷はつねに六時の位置にあり、月の山はつねに零時の部分にあることになる。もちろん、太陽にとっても、零時は山であり、六時は谷である。この時計では、太陽や月の高さを、文字盤の上下関係としてそのまま把握することができる。

太陽をいったん止めてしまおう

ここでも、「朔望月と恒星月のちがいを無視してみよう」でおこなったように、夏至の朔からスタートしよう。以下では説明が一部さきほどと重複することになるがこれは次のステップに進むための復習であるとしてお許しいただきたい。

さてこのとき、夏至であるから、太陽をあらわしている短針は零時を指している。夏至の朔であるから、月に対応している長針も零時に留まっている。

せっかく高性能（?）の時計を用意したのであるが、説明上まずは、短針と長針の連結をはずし、長針だけが動くようにしておく。これは、長針が一回転する約一ヶ月のあいだ、太陽は夏至の位置にとどまり続けているという仮定に相当している。その間、太陽もまた季節を進行させるのだが、月に比べて変化は鈍いので、仮に、停止しているものとみなそう。

朔月は、自らのなつでもある夏のその高い太陽（零時）から離れていくであろう。月の行き先は、「夏の満月は低い」といったときの、谷底としてのふゆ（六時）である。谷へと向かうべく、月は、低くなっていく。

その途上には、あきがある。しゅうぶん（三時）を通過するとき、月相は上弦である（これは朔と満月のあいだということからも長針と短針がなす九〇度という角度からもいうことができる）月は、相を進めるにつれてさらに低くなり、満月のあたりで、ふゆにいたる。

月はふゆとはいっても、太陽でいう季節はいまだ夏至であることを思い起こそう（思考実験上いま太陽を一時的に止めているのであった）。満ちているその低い月は、高い夏の太陽のちょうど反対側にきている（であるから満月である）。この対蹠点を過ぎると、再び、出発点であったあの高い位置に向かう。すなわち、月は、ふゆからはるへと向かう。しゅんぶん（九時）を迎えるとき、月は下弦（満月から朔にいたる中間地点ということからも長針と短針がなす二七〇度という角度からもいうことができる）である。月はさらにきせつを進行させ、出発点であったげしのあたりまで高くなる。

このようにして、約一ヶ月のあいだに、月は、はる、なつ、あき、ふゆ、いちねんのしきをすべて体験する。ここで、約一ヶ月としたのだが、より正確には、一ヶ月弱のあいだにである（月が山から山へと戻る間隔は朔望月ではなく恒星月であることを思い出そう）。

今度は太陽を動かしてみよう

次には、いったん停止させていた夏至の太陽を動かしてみなければならない。というのも、月がげしの位置から再びげしへと戻ってくるあいだに、太陽もまた動いているからである。のべたように、星座を背景にして、月は、太陽の一三と三分の一の速さで動くのであった。月の針が、なつからなつへと一回転するあいだに、太陽の針もこれに応じて動く。

やはり、零時からスタートしよう。太陽は夏至。月もげしで、最高に高い。長針と短針の重なった時点が、朔である。今度は、両針を連結させてある。長針がまわると、短針もその〈一三と三分の一〉分の一の角度だけ動く。

長針が半回転あまりし、二つの針が向かいあった時点、これが望である。半回転きっかりではなく、半回転あまりであるのは、短針も動くからである。このあまりの意味を理解するには、むしろ、一回転させてしまったほうがいいだろう。

長針すなわち月が、一恒星月をかけて、一回転し、零時に戻ったとする。再び山に達したわけである。だが、月相は朔に戻りきっていない（二つの針の重なったときが朔であるが針はまだ少し離れている）。短針もまた、一時のほうへと動いてしまっているからである。長針が短針に追いつき、二度目の朔を迎えるためには、その分、もう少し時間がかかる。その時間は、朔望月（二九・五三日）引く恒星月（二七・三二日）、二・二一日である。本節では、簡単に、この差を二・二日とか、二日あまりといったりすることがある。

月が二度目の山に達したとき、二度目の朔は、少しばかり遠ざかっている、とみることができる。つまり、二度目の山は、最初の山よりも、二日あまり早い相でやってきたことになる。あるいは、朔の二・二日ほどまえに移った、としてもよいだろう。

いま、山と山を比較したが、月の高さに対応する特定の位置、たとえば谷（六時）に注目しても同じことである。こうして、月の山や谷などは、満ち欠けのサイクルを経るごとに、相の若いほうへと移動していく。これは、［月の山、月の谷は相のなかを移動する］での結論と同じである。

隣接するサイクルへの適用

この結論を、どのように応用したらよいのであろうか。一般化するまえに、まずは、朔望の次のサイクルではどうなるか、とか、一つ手前のサイクルではどうだったか、といった直感的にとらえやすいところからはいっていこう。

例として、冬の満月を考えてみる。冬至の日がちょうど満月に当たっていたとする。時計でいえば、太陽は最低状態の六時、月はちょうどその反対側の零時、山に位置している。両者は向かいあっており、満月となっている。次の朔望のサイクルでは、山は、十三夜、ひょっとして十二夜のあたりにくる。単純に相を二日あまり若くしてもよいし、例の時計の針を動かしてみてもよいだろう。

反対に、過ぎ去ったサイクルへと遡る場合、山ないし谷は、順方向へとたどることになる。いまの設定でいえば、冬至の一つ手前のサイクルでは、山は立待（十七日）、ひょっとして居待（十八日）に当たっていたはずである。

ほとんど同じことなのであるが、この方法を、半分の、約半月の場合に応用してみよう。これまで、「冬至の満月は高い」という原理原則について何度かのべている。だが、冬至の当日に、月がちょうど満月であるとはかぎらない、それどころか、満月でない確率のほうが大きい。そのため「冬至のころのまるい月は高い」などのように、言い方をゆるめてきた。では、実際にはどうなのであろうか。

ここでは、冬至の日、月は真逆の朔であったとしよう。次の満月までは半朔望月を待たなくてはならない（反対に半朔望月を遡ってもよいが考え方は同じであるので省略する）。

朔の低い月（例の時計でいえば六時）は、冬至から日を経ると、同じく低い冬の太陽（六時）を離れ、満月となるべく、だんだんと高くなっていく。だが、満ちたとき、それが、もっとも高い絶頂にある、というわけにはいかない。その間、太陽もわずかに移動し（例の時計でいえば短針が六時から六時半あたりに移り）、月が満ちたとき（長針が零時半あたりにきたとき）、山の位置（零時）は過ぎてしまっている。山のずれは、一朔望月で、相にして二・二日であったから、半朔望月では、一・一日、ほぼ一日である。つまり、いまのケースで、冬至のあと、山がくるのは、小望月のあたりであることがわかる（反対に半月を遡る場合の山は十六夜あたりである）。

結局、冬至のころの満月はもっとも高いと言い切ったとき、期間にして最大で朔望月の半分すなわち一五日前後、相にして一日ほどの誤差が生ずる可能性がある。満月についていえば、苧阪良二によれば、幸いにも「十四日の月は、視覚対象としては十六夜の月とともに満月とみなしてよい。ゲーテも『イタリア紀行』でこれを認めている(8)」とのことであるので、満月ではなく、まるい月といっておけばよい。これまでも随所でそのようにしてきた。

山と谷、そして中腹、上り坂と下り坂

月の山の位置がわかれば、谷や中腹のありかも見当がつくはずである。

谷がわかれば山の位置が、山がわかれば谷がわかる。谷と山がわかれば、中腹のありかもだいたいわかる。なお、山腹には上り坂と下り坂がある。月がふゆからなつへ向かうときの山腹が上りであり、なつからふゆへいくときが下りである。

谷→（上り坂の）中腹→山→（下り坂の）中腹→谷というサイクルを推定するにあたっては、慣れ親しんでいる朔望月をもちいるほうが、わかりやすいかもしれない。谷であったのが、四分の一ヶ月後（七日あまり）には中腹となり、半月後（一五日弱）には山となる、というふうに。

ただ、これだと若干の誤差を生ずることになろう。煩わしいが、正確を期するならば、恒星月（二七・三二日）を採用するのがよい。谷であったのが、四分の一恒星月後（七日弱）には中腹となり、半恒星月後（一四日弱）には山となる、というふうに。月の山ないし谷がわかれば、そのサイクルでの、山腹の様子もわかるであろう。この方法によって、〈年間をつうじて月の高度はどのように推移するか〉の見当をつけることができる。

以上の方法は、いずれにしても、若干の誤差をともなう。その主な原因は、本節の［月相］や［十五夜＝満月とはかぎらない］でのべたような、月相というものの大雑把さである。整数に対応する呼び名ないし日付である月相というものは、月の成熟度の大まかな目安でしかない。たとえば、一口に満月といっても、十五夜や十六夜、ときには立待、稀に小望であったりするのであった。

この意味で、正確を期するためには、幾分面倒ではあるが、月相ではなく月齢をもちいたほうがよい。

一年後に月はどうなるか（尾崎紅葉の誤り）

太陽ならば、一年後、前年とほぼ同じ状態に戻る（というより太陽が同じ状態に戻る期間をもって一年としているといったほうが正しいだろう）。

ところが、月となるとそうはいかない。月は、一年後、同じ状態になることはない。太陽の季節と、月のきせつには、互いの拍には同調しないようなリズムのちがいがある。両者には整数比には還元できないリズムの不整合がある（一三分の一対一すなわち四〇対三としたのは簡便のためである）。

この点、『金色夜叉』の尾崎紅葉は思い違いをしていたと、『月曼荼羅――384話月尽くし』の志賀勝は指摘する。(9)『金色夜叉』は、貫一のあのセリフでしられている。

一月の十七日、宮さん、善く覚えてお置き。来年の今月今夜は、貫一は何処で此月を見るのだか！　再来年の今月今夜……十年後の今月今夜……一生を通して僕は今月今夜を忘れん〔…〕可いか、宮さん、一月の十七日だ。来年の今月今夜になつたならば、僕の涙で必ず月は曇らして見せるから〔…〕(10)。

志賀勝は、このセリフを子供のころからしっていたが、一月十七日というのは月暦の日付だと思っていたという。だが、小説に当たってみると、西暦の一月十七日であることが判明し、驚く。

貫一・お宮は、来年の今月今夜、再来年の今月今夜、十年後の今月今夜、一生を通しての今月今夜にどのような高さの月を見るのであろうか。年により、西暦一月十七日の月は、さまざまな相をとりうる。月の高さは、太陽の状態にも、月の状態（とりわけ相）にも依存する。であるから、その年々の月相がわからなければ、月の高さはわからないことになる。しかし、太陽暦での日付と、陰暦の日付（したがって月相）がわかっていれば、そのときの月の高さをしる方法がある。これについて、のべることにしよう。

特殊時計の針の見方

そのまえに、例の時計の二つの針の動き、その意味についてもう一度、確認しておきたい。わかりやすさのため、またまた、夏至を取りあげる。夏至であるから、例の時計の短針は零時を指している。そのとき、長針はあらゆる位置をとりうる（この時計の二つの針は短期的には連動しているが長期的にはあらゆる関係をとりうる）。

零時にある短針は、夏至の太陽である。任意の位置にありうる長針は、今度は、夏至という時点での、月の位置に対応している。二つの針の開き具合が月相に対応している。

短針が零時にない場合も先取りして、両針の相対的な関係だけでのべれば、二つの針が重なったところが朔、向かいあっているところが望である。長針が短針からそれこそ時計回りに九〇度の位置にあるところが上弦、二七〇度が下弦である。

短針が零時にある夏至では、長針との開き具合から、三時が上弦、六時が満月、九時が下弦である。あとは、月齢がわかっていれば、二九・五を分母に比例配分すればよい。月齢がわからなければ、月相からこれを推測するという方法もある（本節の［月齢］および**例題1**と**例題2**を参照のこと)。

時刻と月相の対照表を作っておくと、簡単な計算から、[11] 一時は三日ないし四日(三・五)、二時は六日(五・九)、四時は十一日(一〇・八)、五時は十三夜(一三・三)、七時は十八日(一八・二)、八時は二十日ないし二十一日(二〇・七)、十時は二十五日ないし二十六日(二五・六)、十一時は二十八日(二八・〇)にほぼ対応するといえる(括弧内は計算値である)。

どのような相をとろうとも、月の高さの見方は、これまでと同じである。零時ではもっとも高く六時ではもっとも低い。六時と九時では高くも低くもない。一時や二時、十時や十一時ではそれなりに高く、四時や五時、七時や八時では、それなりに低い。

以上を、夏至にかぎることなく、一年全体へと一般化しよう。そのために、今度は、季節にあわせて短針を動かす。夏至ならば零時、冬至ならば六時。秋分は三時で、春分ならば九時。そのあいだの季節については、二十四節気を利用すると便利である。

現在の二十四節気は、太陽が見える角度の二十四等分で決められているわけだから、純粋に天文学的な時点である。節気は古臭い慣用的な日取りでしかないと思われている方もいるかもしれないので、一言、断っておきたい。

節目の四つの季節も含めて、太陽の方向をあらわしている短針と節気との対応関係を書いておく。夏至→零時、小暑→零時半、大暑→一時、立秋→一時半、処暑→二時、白露→二時半、秋分→三時、寒露→三時半、霜降→四時、立冬→四時半、小雪→五時、大雪→五時半、冬至→

六時、小寒↓六時半、大寒↓七時、立春↓七時半、雨水↓八時、啓蟄↓八時半、春分↓九時、清明↓九時半、穀雨↓十時、立夏↓十時半、小満↓十一時、芒種↓十一時半。

使い方は以下に示す。

例題1

例として、二〇二二年五月五日（こどもの日）をあげてみる。その日は立夏で、立夏はほぼ十時半に相当する。短針をその位置に据えよう。

この日は、陰暦では四月五日である。月相は五日。この相を長針で表現してみよう。全体を見渡せば、長針が十時半のとき（短針と重なっているから）朔、一時半で上弦、四時半満月、七時半下弦である。そのあいだを埋めるために、［特殊時計の針の見方］で示した対照表を使ってもよい。ここでは、月相がわかっているので、そこから推測される月齢をもちいてみる。

陰暦五日の正午月齢は、平均、四・〇と推測できる（本節の［月齢］を参照のこと）。四・〇を、一二時間へと、二九・五を分母に比例配分すると、一・六時間あまり、すなわち一時間四〇分ほどである。長針を、十時半の位置からその時間だけ進めると、〇時一〇分あたり。つまり、この年のこどもの日、月は最高に高いか、山をほんの少しすぎたころである、と判断できる。データを調べてみると、月の山は六日の早い時間に訪れている。まずまずの精度である。

例題2

芭蕉が須磨・明石で、「蛸壺やはかなき夢を夏の月」とした月はどうであろうか。というわけで、一六八八年五月十九日の夜、陰暦四月二十日を調べてみる。陽暦五月十九日はほぼ小満に当たっている。

そこで、短針を十一時に据える。このとき、長針十一時で朔、二時上弦、五時満月、八時下弦と、見当をつけておく。

二十日の正午月齢を一九・〇としておく。二九・五を分母として、一九・〇を一二時間へと比例配分すると、簡単な計算から、七時間四〇分ほど。長針を十一時からその時間だけ進めると、六時四〇分あたりである。月は、この夜、谷を少しばかり（計算では二日弱ほど）過ぎた状態にあったことが推定される。

ところで、〈芭蕉が明石・須磨で見たのはどのような月であったか〉でのべたように谷底は一日前にあった。一日弱のずれは、誤差である。

春・夏・秋・冬における上弦・下弦・満月・朔月

以上の手続きを煩わしいと思われる方もいるだろう。逐一、陰暦付きのカレンダーをめくり、しかも計算をしなくてはいけないではないか、と。

大雑把ではあるが簡便な方法は、やはり、月の山ないし谷を、朔望のサイクルのなかで逆回転させていくあの考え方である。この方法を、一年間のスケールで、ただし、相でいえば上弦・下弦・満月・朔、時期でいえば、春分・夏至・秋分そして冬至を中心とした春・夏・秋・冬にかぎって適用し、本節での、わかりやすい、覚えやすい、便利な結論としよう。

やはり、夏至からスタートしよう。多少とも誤差をともなうから、夏至ではなく夏といってしまおう。繰り返しになるが、夏の朔月は高く、夏の満月は低いのであった。これに、夏の下弦は上り坂の中腹にあり、夏の上弦は下り坂の中腹にある、と付け加えよう。

上り坂と下り坂については、ご理解していただいているであろうか。低い満月から、相は下弦を経て朔へと、高い朔の山へと向かうのであるから、この坂は上りである。反対に、朔から上弦へと進むとき、高さでいえば朔の山から満月の谷へと向かうのであるから、夏の上弦の坂は下りである。

まとめると、夏には、月の満ち欠けと月の高低の関係は、次のように進行する。

満月（谷）→下弦（中腹・上り坂）→朔（山）→上弦（中腹・下り坂）

四分の一年経ち、秋になったとしよう。月の山および谷も、朔望のサイクルのなかで四分の一だけ相の若いほうへと逆回転する。すなわち、谷は満月から上弦へ、山は朔から下弦へと移行する。すなわち、秋にはこうなる。

上弦（谷）→満月（中腹・上り坂）→下弦（山）→朔（中腹・下り坂）

さらに、四分の一年を進めると、冬のおなじみのパターンとなる。

朔（谷）→上弦（中腹・上り坂）→満月（山）→下弦（中腹・下り坂）

最後に、春にはこうなる。

下弦（谷）→朔（中腹・上り坂）→上弦（山）→満月（中腹・下り坂）

以上、考え方と合わせれば、覚え方は簡単であろう。

たとえば春分に月が下弦であるなどのように、ある特定の日に月が特定の相をとるというふうには決まっていない、というとまどいもあるかもしれない。そのとおりではある。ある特定の日の月相をしかじかであると決めつけたときには誤差が発生する。その誤差の考え方については、本節の「隣接するサイクルへの適用」で示してある。

以上のパターンでは、春分・夏至・秋分・冬至といった節目の当日だけでなく幅をもたせているものではあるが、また、その節目から大きくはずれると、誤差も大きくなっていくことは理解していただけよう。

実は、いま示したこの四つのパターン自体も、わかりやすいものではあるが、厳密にいえば、パラドックスを含みこんでいる。たとえば夏のパターンでいうと、「満月↓下弦↓朔↓上弦」は朔望月のリズムで進行していく。たいして、括弧で対応を示した「谷↓中腹・上り坂↓山↓中腹・下り坂」のほうは、恒星月のリズムをもつ。この対応は、時の進行とともに崩れていく。ただ、ここで示したパターンは、以下のように、きわめて有用である。

とりわけ秋に月が愛でられる理由

四時《しじ》の月のうちでも、季節としてとりわけ秋が好まれる理由は一つでないだろう。秋の澄んだ空気のなかで、月がもっとも美しく見えるというのがその主な理由であることはいうまでもない。ただここでは、野尻抱影の指摘を紹介したい。抱影によれば、「秋分に最も近い満月の前後は月の出が、数日つづけて三十数分（中部緯度）おくれるにすぎない」。そして、これこそは「月を愛《め》でさせる理由の一つ」である、という。(12)

つまり、秋には、数夜つづけて、まるい月をゆっくりたっぷり鑑賞できる、というわけである。どうしてこういうことになるのであろうか。

月の出の、前日にたいする遅れは、（一日を朔望月で割ると）平均四九分、ほぼ五〇分である。

では、どのようにして、「秋分に最も近い満月の前後」では、月の出の遅れが平均よりも少なくなるのであろうか。

のべたばかりであるが、秋分のころの満月は、坂のなかほどに位置する。このころ、低いのは上弦、高いのは下弦であるから、その満月は、上り坂にさしかかっている。上り坂であるから、十三夜の月→小望月→満月→十六夜→立待月→居待月と、日を追うごとに、月のコースは高くなっていく。高さの増加とともに、可視時間も長くなる。その可視時間の増加分の約半分が、月の出の遅れを抑えるように、つまり、遅れ幅を小さくするように働く。結果、「秋分に最も近い満月の前後は月の出が、数日つづけて三十数分おくれるにすぎない」ということになる。

可視時間の増加分のうち、残りの約半分は、反対に、入りの遅れをさらに遅らせるように、すなわち、遅れ幅を平均よりも大きくするようにと作用する。そのため、この時期、(前日にたいする)月の入りの遅れは、一時間を越える場合もある。

まとめれば、上り坂では月の出の遅れ幅が小さくなり、月の入りの遅れ幅が大きくなる。反対に、下り坂では出の遅れ幅が大きくなり、入りの遅れ幅が小さくなる。

三日月は春分のころ水平になり秋分のころ立つ

俳人野澤節子によれば、「春分ごろの三日月がほとんど水平になりちょうど釣り舟の形に見えるのにたいして、秋分ごろのものは直立になる」[13]のだという。いろいろな理解の仕方があるかもしれないが、ここでは、本節での、月の高さということから考えてみる。

のべたばかりであるが、春分のころの、朔のあたりの月は上り坂にあるのであった。月は、高い春の上弦へと向かって、朔から、三日月、四日月と、高度を増しつつある。あるいは、こう考えてもいいであろう。春分のころ、朔あたりの月のきせつは、春の太陽とほぼ同じ方向にあるから、やはり、はるであると。月は、そのきせつを太陽より一三と三分の一ほども速く進ませるから、二、三日もすると、一足先になつへ近づく（急速に高度を増しつつある）。

月の沈む方向の変化についてはまだのべていないが、ここでは、太陽に準ずるということで理解していただきたい。月は、沈む位置も、急速に西から北西寄りに変えていく。と同時に、入りの時刻を遅めにしていくから、太陽が沈むとき、三日月は、沈む太陽の上におおいかぶさるような位置をとる。このことをもって、「春分ごろの三日月がほとんど水平になりちょうど釣り舟の形に見える」ことの説明とすることができよう。

今度は、秋分のころの、朔のあたりを考えてみる。秋分の太陽と同じ方向であるから、月も、あきである。月は、下り坂の中腹にあり、朔から、三日月、四日月と、高度を減じつつある。

月は、太陽よりもきせつの進行が速いから、二、三日もすると、一足先にふゆへ近づく。沈む位置も、西から南西寄りに変えていく。と同時に、入りの時刻を遅めにしていくから（下り坂であるから遅れ幅は小さいが遅れることにはかわりがない）、太陽が沈むとき、その横にあるような位置をとる。このことをもって、「秋分ごろのものは直立になる」ことの説明としよう。

ところで、明け方の東の空にも、鎌形の月を見ることがある。よく見ると、これは、夕方の西空の三日月とは逆方向の鎌形、逆三日月とでも呼ぶべき形をしている。この月は、朔から逆に数えて、二日、三日あるいは四日ほどまえにあらわれる。逆三日月の場合、いわゆる三日月とは逆で、秋に釣り舟となり、春に直立する。説明は省くとしよう。

なお、以上の説明では、月は、太陽の上方にあれば下が光る、左横にあれば右側面が光るとしている。この当たり前を錯覚であるとして疑うのが、第二章第四節〈月の矢は太陽を射るか〉の主旨であった。ただ、ここでは、錯覚が起きやすいケース（太陽と月が近い場合には錯覚に気づきにくい）として、疑う以前のその常識にしたがっている。

（1）（4）白尾元理『月のきほん』、誠文堂新光社、二〇〇六年、四六頁。
（2）長沢工『日の出・日の入りの計算——天体の出没時刻の求め方』、地人書館、一九九九年、一三八頁。
（3）天文年鑑編集委員会『天文年鑑（二〇一九年版）』および『天文年鑑（二〇二一年版）』、誠文堂新光社、三八頁および四〇頁。
（4）および（5）詳しい値としては、恒星月は二七・三二一六六二日、朔望月は、二九・五三〇五八九日（『理科年表』二〇一九年）。なお、恒星月も朔望月も、多少ともばらつきのある値の平均値であることをことわっておきたい。
（6）および（7）は、横書きのため三二八—九頁に記載。

だがこれだと、本節で力説してきたプラス1が、プラス0.999961となり、その意味がピンボケしてしまう。

追加分を、わかりやすく、ちょうどプラス1にするためには、恒星年を採用しなければならない。

（恒星年／朔望月）＋1＝恒星年／恒星月

に、恒星年、朔望月、恒星月の数値をいれて計算すれば、

12.368746＋1＝13.368746

ところで、この13.368746とさきほどの13.368227は小数点第4位以下ではじめてちがいをみせていることから、大雑把な、とはいえわかりやすい議論を心がけている本書では、ともに13と3分の1でよい、ということにもなる。

ついでながら、朔望月と恒星月の差である2.21日に、この回数、13と3分の1をかければ、ほぼ29.5日、陰暦でいう1ヶ月分となることを確かめてみよう。実際に、（朔望月－恒星月）×（恒星年／恒星月）の値を計算してみてもよい。

ただし、さきほどのエレガントな式

（1／朔望月）＋（1／恒星年）＝1／恒星月

を移項すれば

（1／恒星月）－（1／朔望月）＝1／恒星年

整理をすると

（朔望月－恒星月）／（恒星月・朔望月）＝1／恒星年

両辺に、恒星年・朔望月を乗ずれば

（朔望月－恒星月）×（恒星年／恒星月）＝朔望月

が得られる。

この式は、朔望月と恒星月の差（およそ2.21日）に、月が1年間に宇宙を背景として地球をまわる回数（およそ13と3分の1）を乗ずれば、朔望月となる、という関係をあらわしている。

なおまた、朔望月と恒星月の差である2.21日に、12と3分の1をかければ、ほぼ27.3日、すなわち恒星月となる。実際に、（朔望月－恒星月）×（恒星年／朔望月）の値を計算してみてもよい。

ただ、恒星年・朔望月を掛けたさきほどの式の両辺に、今度は恒星年・恒星月を乗ずれば

（朔望月－恒星月）×（恒星年／朔望月）＝恒星月

となる。

(6) および (7)

本文で記述したことを式であらわすと、

(1年の日数/朔望月) + 1 = 1年の日数/恒星月

ところで、「1年の日数」のところは要注意である。1年の日数は、太陽暦では、365日プラス4分の1(閏年の分)ほど、細かい数値としては、365.24219日(太陽年)である。だが、ここでは、これよりも20分ほど長い、365.25636日(恒星年と呼ばれる)をもちいる。太陽年と恒星年という2つの1年があるのは、次のような事情による。

暦でいう1年は、太陽の動きを基本にして考えられている。たとえば、春分から次の春分までが1年(太陽年)である。ところが、1太陽年をもってしては、太陽は、星座のなかを一巡するにはいたらない。地球の自転軸(地軸)が、傾きはじめたコマにみられるような首振り運動(歳差運動)をしているからである。地軸の傾きは、公転とは逆方向に、ほんのわずかずつではあるが、ねじれていく。そのため、地軸は、公転の一巡が完成する20分ほど手前で、太陽にたいする前回の傾きを取り戻す。このようにして、太陽を基準とした1年が終了する。ところが、星座ないし宇宙を基準にして、地球から観察してだが、太陽が元の位置に戻るためには、あと20分あまりを要する。この1年のほうは、恒星年と呼ばれる。

月が地球をまわる回数を問うとき、背景として基準となるのは星座であるから、1年の長さとしては恒星年を採用することになる。

とすると、上述の式は、

(恒星年/朔望月) + 1 = 恒星年/恒星月

となる。これを書き換えれば、

(1/朔望月) + (1/恒星年) = 1/恒星月

という、エレガントな式となる。

つまり、本節における「1年間」とは、厳密には、太陽年ではなく、それよりも20分ほど長い恒星年としなければならないことになる。

ここで、われわれ人間にとっての1年はあくまで太陽年であるという、人間中心主義を貫くとしよう。そのため、両辺に太陽年を掛けると、式は、

(太陽年/朔望月) + (太陽年/恒星年) = 太陽年/恒星月

となる。太陽年、朔望月、恒星月の数値をいれて計算すれば、

12.368266 + 0.999961 = 13.368227

たしかに、これでも辻褄はあう(左辺の合計が右辺と等しくなる)。

(8) 苧阪良二『地平の月はなぜ大きいか――心理学的空間論』、講談社、一九八五年、六八頁。
(9) 志賀勝『月曼荼羅――384話月尽くし』、月と太陽の暦制作室、二〇〇八年、一八頁。
(10) 尾崎紅葉『紅葉全集 第七巻』、岩波書店、一九九三年、六四頁。
(11) 二九・五を一二に比例配分するわけだが、月相にはゼロの概念がなく一からスタートするため、その際、商に一をプラスする必要があることに注意。
(12) 角川書店編『圖説 俳句大歳時記 秋』、角川書店、一九七三年、五一頁。
(13) 水原秋櫻子他監修『カラー図説 日本大歳時記 秋』、講談社、一九八一年、五一頁。

四　月はどこから昇りどこに沈むか

月は、出入りの方向を頻繁に変化させる。月は東から昇り西に沈むというだけのとらえ方では、文学作品の理解というくらいのレベルであっても十分でないことがあろう。

月の定点観測をした永井荷風

月は、出の地点を（沈む地点も）あちこちに変える。これは、月の動きに注意を払っている人なら容易に気づくはずのことだが、永井荷風もまた、期せずしてその一人となった。

燈火《とうくわ》のつきはじめるころ、銀座尾張町の四辻で電車を降《おり》ると、夕方の澄みわたつた空は、眞直な廣い道路に遮られるものがないので、時々まんまるな月が見渡す建物の上に、少し黄ばんだ色をして、大きく浮んでゐるのを見ることがある。

時間と季節とによつて、月は低く三越の建物の横手に見えることもある。或はずつと高く歌舞伎座の上、或は猶高く、東京劇場の塔の上にかゝつてゐることもある。(1)

電車を降りるとき、なんとはなしに空を見てしまう、この癖によって、「町中の月」の永井荷風は、いつもの停留所という、同じ場所からの天体観測、いわば定点観測をおこなっていたといえる。「時間と季節とによつて、月は低く三越の建物の横手に見えることもある」というのだから、荷風が月の出の位置に変化があることに気づいていたことは明らかである。

月の出入りの方向の考え方

太陽についてなら、出と入りの方向の変化は、知られているとおりである。出と入りの位置は日々少しずつ動き、春分と秋分には真東、真西にくる（ただし北極・南極では地平線を這いまわる）。月の場合はどうであろうか。以下、その変化のパターンをさぐってみる。

結論からいってしまうと、月の出・月の入りの変化の幅は、太陽の年変化の場合とほぼ同じである。ただし、月のほうの出入りの位置は、太陽のほぼ一三と三分の一倍（以下では一三倍あまりと表記する）の速さで変化する。

星座を背景として、月は、前節でのべたように、太陽とほぼ同じコースを、ただし太陽の一三倍あまりの速さで動くのであった。月は、いわば速く動く太陽として、その出入りの位置を変化させる。

日の出と日の入りの位置の年変化は、観察されるとおりである。日本程度の中緯度地方では、太陽は、日の永い夏ごろには、北東寄りの東から出るし、北西寄りの西に沈む。日の短い冬、太陽は、反対に南東寄りの東から昇り南西寄りの西に沈む。

月の場合の考え方も、変化の速さのちがいを除いては、太陽の場合と同じである。高い月は、北東寄りの東から昇り、北西寄りの西に沈む。低い月は、南東寄りの東から昇り、南西寄りの西に沈む。理屈は単純明快である。だが、その変化は、われわれの生活にとってはさほどなじみのない、恒星月のリズムで生じている。

前節の復習をすれば、月には一種の「しゅんかしゅうとう」があるのであった（比喩的な意味での月の「きせつ」関連についてはひらがなで表記することも思い出していただきたい）。月のしゅんかしゅうとうのサイクルは、一年を一三あまりで割った、恒星月（平均二七・三二日）である。

もし、満ち欠けのリズム、すなわち朔望月のほうしか知らなければ、月の高い・低い、ましてや、月の出入りの位置変化は、奇妙なもの、気まぐれとさえ思われるかもしれない。いずれにしても、月の出入りの位置は、めまぐるしく変化する。三、四日ほど油断しているうちに、月の出の方向を見失ってしまったということはないだろうか。

一八・六年周期による月の出入り幅の変化

月の出入りの変化幅は、それ自体が変化する。たとえば筆者の住んでいる大阪だと、月の出入りの位置の変化幅は、東を、そして西を中心として、それぞれプラスマイナス三五度から二二度ほどである（プラスマイナスというのは月の出であれば東を中心に北にも南にもその分だけ振れる、月の入りであれば西を中心にしてその幅だけ南と北に動くという意味である）。これは、一年あるいは朔望月ないし恒星月のスパンではなくて、一八・六年周期での変化のことである。変化幅そのものが一八・六年周期で変化するのであって、幅が最も大きいころにはプラスマイナス三五度、最も幅が狭いころにはプラスマイナス二二度である。

結局、もっともわかりやすくいうならば、月の出・月の入りは、枠の範囲内でけっこうめまぐるしく動くが、その枠そのものが、ゆっくりと広くなったり狭くなったりしている、ということになる。

変化幅そのものが変化するというのは、第三章第一節でのべたことの効果である。すなわち、太陽の通り道――黄道――と月の通り道――白道――は、五度ほどねじれているのであった。そのねじれ方は、一八・六年周期で変化するのであった。月の最高高度の高さ・最低高度の高さは、一八・六年周期で上がり下がりする。対応して、月の出入りの位置変化の幅もその周期で変化する。こうして、出入りの位置の変化幅は、大阪の場合でいうと、プラスマイナス三五度、二二度の範囲で伸び縮みする（月の出と月の入りをあわせるとその二倍となる）。

一八・六年のスパンでいえば、出と入りの開きは、結局、南を中心にして、最大で二五〇度、最小で一一〇度である（一八〇度が三五度の二倍分だけ増減する）。いうまでもないが、これは、変化幅がもっとも広いときのことであって[2]、毎年ないし、毎月そうなるのではない。なお、変化幅が極端に狭いときの開きは[3]、最大で二二五度、最小で一三五度である（一八〇度が二二度の二倍分だけ増減する）。

一恒星月のスパンでいうならば、そのときの変化幅の範囲内で、出と入りの位置が動いていく。その範囲内で、高い月は、出が東よりも北へ寄り、入りも西から北へと振れることになる。低い月は、その枠内で、出が東から南へと移行し、入りは西を基準に南へと動くことになる（そのスパンのなかでどの月が高いか低いは前節を参照していただきたい）。

一日というスパンでいうならば、南を中心に、月の出と月の入りの振れ方はほぼ対称的である。たとえば、月の出が東から南に三〇度だけ振れたとすれば、月の入りも西から南へほぼその分だけ寄る。反対に、出が三〇度だけ北へぶれたとすれば、入りもほぼ同じ分、西から北へ移動する。

高緯度での月の出入り

大阪よりも、北海道よりも、さらに高緯度の地方へ行ったとしよう。すると月はさらにもっと低くなりうる。南東から昇り南西へ沈む月が見られるであろう。さらにもっと北の地方では、月が南のあたりで少しだけ姿をあらわしてはすぐさま沈んでしまうという現象もありうる。

さらにもっと北では、月が地平線上に顔をださない日もあるであろう。そのような地方では、月は見られることがないというのではなく、反対に沈まない期間、月の「白夜」もあるであろう。筆者は、自分の目でそれを見ていないので、「であろう」としたが、コンピューターソフト上では、確認している。

このようにみてくると、太陽や月が規則正しく（ほぼ）東から昇り（ほぼ）西に沈むというのは、不変の真理であるというより、地球上のある限られた範囲の緯度に住む人達によって受け継がれてきた経験的事実である、ということができる。

月の出の方向についての思い違い

誰かある物好きが、一念発起して、月の出入りの位置の観察をすることにした、としよう。だが、月の出入りは極端に朝早かったり夜遅かったりもする。これを観測し続けることは、太陽のリズムで暮らしている通常の人間には無理である。また、月の出入りは、厚い雲のために観察できないこともある。それどころか、昼日中の陽光のために確認できない期間もある。

そのためであろうか、月の出の方向についてはいろいろと思い違いが多いようである。「ふるさとは川の上手《かみて》に月上る」（京極杞陽）は、勘違いといったらいいのであろうか、帰省したおり、たまたま川の上手から月が上ったのを見て、その久々の体験でもって、素朴に、なるほどふるさとでは川の上手から月が上るのだったなあ、と詠んだものであろう。

皆吉爽雨はといえば、出の方向の忘却を詠う。

月の出の方も忘れしふるさとに(4)

昭和二十三年、「日光、戦場ヶ原より湯元温泉　三句」に続く句であるから、「ふるさと」とはいっても、皆吉の帰省の折に詠まれたものではないようである。異郷で、月の出を迎えたとき、はて、ふるさとではどんな方向から月がでたっけな、忘れてしまったな、と思ったものであろう。

ただ、本当に「忘れし」なのであろうか。月は、のべたように、出の方向をころころと変えるのであった。ふるさとに、一定の「月の出の方」があるわけではない。住み慣れた地であってさえ、今宵の月が風景のだいたいどのあたりから昇るのかをいえる人は意外に少ないであろう。

わからぬではなく、忘れしとしたところに、句の技法――意識的にそうしたのであればだが

——がある。故郷を離れているあいだに、そんな当たり前のことまで忘れてしまったという感慨が、「月の出の方も忘れし」の「も」で表現されている。しっていたはずなのにという思いこみが、句の前提として、感慨を深めている。

三笠山の月の出

見上げた空にふと月が出ていることに気づく、そういう見方では、月は出の位置を変えるということに思いいたらないこともありうるだろう。そうなると、阿倍仲麻呂（安倍仲麿）がそうだというわけではないのだが、月はいつも同じところ、たとえば三笠山から昇るはずだということになってしまうかもしれない。

天の原ふりさけ見れば春日なる三笠の山にいでし月かも

これは、『古今和歌集』四〇六番の歌であるが、その添え書きによれば、仲麻呂は、唐土の「明州といふ所の海辺」でこれを詠んでいる。渡航まえ、奈良の春日で、そのときたまたまちょうど三笠の山の上から昇ってきたのを、遠つ国で思い出したものであろう。

ところで、この和歌にかんして、実際に月が三笠山の上に出るかどうかを確かめようとした人がいた。奈良女子高等師範学校長、野尻精一である。そのエピソードを、少し長くなるが、薄田泣菫の「無学なお月様」(5)から引用しよう。

〔…〕すると、いつの間にか黛《くろ》ずんだ春日の杜《もり》にのつそりと大きな月があがつてゐた。

「や、月が出てゐる。ちようど十五夜だな。」〔…〕

野尻氏はその歌を繰りかへしながら、じつと空を見てゐると、肝腎の珈琲皿のやうなお月様が三笠の山の上に出てゐない事に気がついた。

「をかしいね。三笠の山に出でし月かもといふからには、ちやんと三笠山のてつぺんに出なければならぬ筈ぢやないか。それにあんな方角から出るなんて。」

実際野尻氏の立つてゐる所から見ると、月は飛んでもない方角から出てゐた。〔…〕

それから後《のち》といふもの、野尻氏は公園をぶらつく度に、方々から頻りと月の出を調べてみたが、無学なお月様は、仲麿の歌なぞに頓着なく、いつも外《そ》つ方《ぼう》から珈琲皿のやうな円い顔をによつきりと覗《のぞ》けた。

「やつぱり間違だ。仲麿め、いい加減な茶羅《ちやら》つぽこを言つたのだな。」

野尻氏は自分のやうな眼はしの利く批評家に出会つたら、仲麿もみじめなものだと思つて得意さうに微笑した。そして会ふ人ごとにそれを話した。すると、大抵の人は、

「なる程な。」

と言つて感心したやうに首を傾《かし》げた。

野尻氏に教へる。それは月が年が寄つたので、月も年がよると変な事になるものなのだ。ちやうど人のやうに……。

野尻精一は、つねに、月は同じ位置から昇るという前提に立っている。それで、確かめなければならないということになった。結局、間違っているのは阿倍仲麻呂だということにされてしまった。

この教育者は、月の観察をすることはした。だが、「方々から頻りと月の出を調べてみた」のであるから、行われたのは、永井荷風がはからずもしたような、定点観測ではなかった。「公園をぶらつく度に」、月がちょうど三笠山から昇る地点はないかと探していたのであるから、日によって、散歩者の目線も変わる、月の出の位置も動く。こういうわけで、事態は複雑になる一方である。

標題でもある泣菫の表現「無学なお月様」からすれば、月が、今宵、仲麻呂が見たはずの位置、すなわち三笠山から出ることができないとすれば、それは、月に学がないからである、ということになる。あるいは、「月が年が寄つた」ためである。

月が耄碌した、無学であるというのは、詩人の放言と響くかもしれない。だが、薄田泣菫は、月を愛し、詠んだ詩人であることを付け加えておきたい。「今宵《こよひ》し六日のかたわれ月」、「月白ほのかに匂ひわたる」(6)

薄田泣菫の夕月

詩人泣菫は、とりわけ、夕月を詠った。「夕月さし入る静夜《しづかよ》には」、「夕月さしぬ、野は凍《し》みぬ」。「夕月は門《と》にこそゐよれ」、「新月《ゆふづき》さしぬ、物の香の／ほのかに薫《かほ》る五月野《さつきの》に」(7)。

ここで、泣菫が「新月」で「ゆふづき」と読ませていることは注目にあたいする。「新月」には、次の三つの意味がある。

第一に、朔の月を新月と呼ぶ。この月は、目で見ることができない。第二に、月が姿を隠したあと、西の空に、二日月、あるいは三日月としてはじめて見えるようになった月を新月という。第三に、夕方、東の空から昇ってきて、その日、はじめて目にした月を新月という。泣菫の「新月」は、この三番目の使い方の例となっている。

これほどにも月を詠った泣菫が月の出る位置の変動に気がつかなかったとは、興味深い。変化の対象として追うのではなく、月を、野や、香りや、物の響き（たとえば「夕とどろき」）と同様に、その時々の現象としてとらえていたのであろう。

（1）永井荷風『永井荷風全集 第十七巻』「冬の蠅——町中の月」、岩波書店、一九六四年、一二九頁。安東次男編『日本の名随筆58 月』、作品社、一九八七年、一七〇頁参照。

（2）たとえば、二〇〇六年六月頃。ここに、月が極端に高くなったり低くなったりするピークがあると思われる。本節では、このピークをもとに、変化幅の最大値三五度を割り出している。付録（II）を参照のこと。

（3）たとえば、二〇一五年十月。これは、注（2）の時点から、九・三年――一八・六年の二分の一――ほど経たあたりで、月の高い・低いの幅がもっとも小さくなると見込まれる時期である。本節では、この月をもとに、変化幅の最小値二二度を割り出している。

（4）皆吉爽雨『皆吉爽雨句集』福田蓼汀解説、角川文庫、一九六八年、八七頁。

（5）薄田泣菫『完本 茶話 下巻』、冨山坊、一九八四年。引用は、安東次男（編）、前掲書、九一～九三頁より。

（6）順に、『二十五絃』の「二月の一夜」、「五月一夜」。薄田泣菫『薄田泣菫詩集』神保光太郎編、角川文庫、一九五九年、五五、五九頁。

（7）順に、『二十五絃』の「翡翠の賦」、『白羊宮』の「牧のおもひで」、「樂のすずろき」、「夕とどろき」。同書、六二、一一二、一五五、一四八頁。

おわりに

月に興味をもつようになったきっかけについては〈はじめに〉で書いた。ここでは、その後のことをのべたい。

さて、大阪に戻ってから、私は、自分勝手に「月日記」と称している月観察ノートを用意した。観察といっても、夜中に目が覚めたときなど、月が出ていれば、位置や形をスケッチしておく。位置は、隣家のテラスや屋根などを目印にし、形は、欠けた向きがわかるように、実際以上に月を大きく描く。また、その色や表情など、受けた印象を文で書きとめる。

最初、「月日記」が何かの役に立つとは考えていなかった。月への関心が、いつしか、月への愛着のようなものとなり、月がたまたま目にはいってきたときなど、ああ出てるなと思い、「月日記」を取りだし、さっと書く。月を待ちかまえているとか探しているというわけではないので、日記は飛び飛びでしかなかった。

観察は、肉眼である。超高性能の望遠鏡が開発されている今日、肉眼での観察で何かがわかるはずはないと危ぶむ向きもあるだろう。だが、いまになって思えば、自分のこの目で見たということがよかった。芭蕉も蕪村も、肉眼で月を眺めた。彼らを論ずるとき、私もそうした、ということが強みになっている。樋口一葉が双眼鏡で月を見た姿など想像もできない。

それにしても、そんな素朴な観察で何になるのか、と思われるであろう。なるほど、発見はなかった。だが、発見と同じくらい大事なもの、発見以上に大切かもしれないもの、疑問というものが生じてきた。

これまで、月が出る方向、沈む方向を気にしたことはなかった。だが、「月日記」をつけるようになってから、月はけっこう頻繁に出る位置（入りの位置でないのは部屋の窓が東向きだからである）を、そしておそらくは沈む位置を、したがってもちろん、その途中の位置を変えるものだ、しからば、その法則はどうなっているのか、ということが気になりはじめた。これにたいする私なりの解答は、本書の第四章の第三節・第四節でなされている。

もう一つの疑問は、本書で「月の矢」と呼んでいる線、つまり、月の形を二分する対称軸にかかわることである。あるとき、月の矢が、太陽のほうを正確には向いていないことに気づいた。「月日記」で、月の形の欠けている方向までをスケッチしたということがなければ、注意が月の矢にまで及ぶことはなかったことであろう。この疑問から、第二章第四節〈月の矢は太陽を射るか〉が生まれた。

標題の『低い月、高い月』については、改めて解説するまでもないだろう。どのようなときに月は高くなるのか低くなるのか、芭蕉はどのようにして低い月に惑わされたのか（第三章第一節・第二節)、そして、石川啄木(第四章第一節)また蕪村や萩原朔太郎その他の評者達(第四章第二節)が、低い月、さほど高くない月を、天心にまでつり上げようとしたのはどうしてなのかを読者は理解されたことであろう。

古来、人類に親しいこの天体は、多くの月の文学を生み出してきた。その月は、物理的に動き、輝き続けてきた月でもあった。サブタイトル「月の文学、物理の月」は、一言でいえば、そういうことである。月の文学での月は、物理の月でもあるという思想——もしこの確信を思想と呼んでよいなら——が、本書の根底に流れている。

ここには、文学と物理という、二つの「言葉」への関心がある。文学の素材が言葉であることはいうまでもないが、表現すべき世界をまえにしたとき、物理もまた言葉である。この二つの言葉を対比させ関連づけることが、明示的に展開できたわけではないが、少なくとも計画段階では、主題となるべきものであった。

本書で頼っている運動や光(電磁波)をはじめとする諸々の物理的概念、数式、数値をもちいる物理の言葉は、一見したところ、文学の言葉とは、対立しているようにみえる。文学の言葉は、それが使用する日常言語にせよ詩語・雅語にせよ、離散的である(離散的というのは説明はむずかしいのだが、本書のコンテクストでいえば、たとえば高いと低いのあいだには表現としての中間段階がないということである)。たいして、物理の言葉では、高いと低いのあいだを細かく表現することができる。

ただ、月を語るとき、この二つの言葉は、対立するのではなく、補完的であることができるのではないか。古来、月は、人間の素朴な五感でとらえられ、詠われてきた。他方、物理現象といっても、月の内部だとか裏側だとか月の大気といった素手でとらえられない事項ではなく、本書で対象となったように、月の運動と月の見え方にかぎってしまえば、文学の言葉と物理の言葉は重なることができるはずである。

太陽と月と地球の配置、そして地球から見た月の動きは、詳しく調べられている。何をいまさら、という観はあるだろう。月の矢の方向をしる方法は、結局のところ、調べ尽くされている天文学的知識を語る一つの切り口であるにすぎないし、月の出入りの位置をしる考え方もその通俗的・普及的な応用であるにすぎない。ただ、その考え方は、数理の月といわゆる言葉の月とを結びつける一方法となっている。

最初の計画では、物理の月と文学の月は対等であった。ところが、進めていくうちに、物理の月は、文学評論をするための前提、さらには補助手段というふうに、格下げされていった。物理の言葉はこのようにして後退させられ、文学の言葉を理解する手段となった。これは、本書にとっては、むしろ、幸運なことであったかもしれない。というのも、本書の見せ場は、月の文学についての新しい感覚の評論にあるからである。

この後退は、ある意味、仕方がないことだった。というのも、物理は文学を理解するのに役立つ（そうでないと思う人もいるであろうが少なくとも本書はその実践である）こともあるが、文学は物理の理解にほとんど資するところがないようだからである。この二つの領域の非対称性から、最終的に、月の文学を理解するための物理の月という格好になってしまった。

本書では、物的現象を説明するのに、物理が語りかけてくる言葉とはいっても、その表現に際しては、文学や日常でもちいられるいわゆる言葉に頼った。図示もしなかったし、数式も、やむをえない場合には注にまわした。数値とその簡単な計算は、日常言語でのべたことの、別な角度からの確認という程度にとどめておいたつもりである。

この工夫は、本書が最終的に文学評論でありその読者は数式も数値もさほど欲しないであろうという前提からくるものでもあるが、私にとっては、日常会話などでもちいられる一般的な言葉、つまり物理的でない表現でもって、どのようにして、またどれだけ、単純ではない月の物理現象を説明しうるか、という挑戦でもあった。第四章第三節に極まるその試みを、読者はどのように受けとめられたであろうか。万一、本書での物理的表現が、詩的言語として響いたとしたら幸いなのであるが。

青森に帰省した折、月の低さに驚かされたということについては〈はじめに〉でのべた。それから二十年近く経とうとしている。夏の満月が低くなるチャンスは、二〇二五年の夏に再びめぐってくる(なお、二〇二四年夏の満月も相当に低い)。その二つの年に跨る冬の満月は、生涯に数回しか見られないほどに高くなるであろう。その次のチャンスは、二〇四三年の夏である。(1)

そのときまで、生きながらえていることを願うばかりである。

末筆となってしまったが、本書の構成にかんして書店社長藤原良雄氏より貴重なアドバイスをいただいた。心から感謝申し上げる次第である。

二〇二三年盛夏

津川廣行

（1）二〇二五年六月十一日夜の満月は、東京では二五・二度（二三時五五分）、大阪では二六・二度（日を跨いで〇時一二分）までしか上がらない。
二〇二四年六月二十二日の夜、満月の南中は日付が変わってからで、東京で二五・四度（〇時一七分）、大阪では二六・四度（〇時三五分）。なお、前日二十一日の夜は、さらに低い。大阪では二三時三五分に二六・三度、東京では二三時一七分に二五・四度（二十二月の夜と同じようだが小数点第二位を比べると小さい）。

二〇二四年十二月十五日夜の満月は、東京で八二・六度（二三時五〇分）、大阪では八三・六度（翌〇時八分）。

二〇四三年六月二十二日の夜、満月の南中、東京で二五・一度（二三時四四分）、大阪では日付が変わってからで、二六・一度（〇時〇二分）。

付録（I）　蕪村（一七一六〜八四年）の生涯における中秋の名月
――〈月天心とは〉との関連で――

以下に示したのは、京都市下京区での、一七一六年から一七八四年までの中秋の名月の、「年月日」（西暦）、「月の出の時刻」、「南中時刻」、「南中時高度」そして「正午月齢」である。「年月日」は、1716.09.30（一七一六年九月三十日の意）のように略記した。なお、南中の日付については注意が必要で、午後十時から十二時まで（表では二二時〇分から二四時〇分まで）は、記載した「年月日」とおりの南中であるが、零時を跨いだ南中についても日付が変わっていないかのような扱いをした。月齢については、その日の正午の時点での値を記すことにした。

なお、第二章第三節でものべたように、culminationは、天文学用語としては「正中」であり、「正中」という訳語は意味的に「南中」と「北中」とを包括しているのだが、本書では、北半球に限定される話題では、わかりやすさのため、南中としている。

正中時（南中時）の高度をもって、その夜の月の最高高度とした（厳密には、月が最高点に達するのは、正中時ちょうどではない。星座のなかを動き続けていることの効果として、月が最高点に達する

年月日	月の出の時刻	南中時刻	南中時高度	正午月齢
1750.09.15	17:17	23:22	53.6	14.3
1751.10.03	16:16	22:25	55.0	13.5
1752.09.22	16:56	23:01	54.0	14.1
1753.09.12	17:42	23:45	53.1	14.5
1754.10.01	17:36	23:55	58.6	14.4
1755.09.20	17:55	23:59	53.4	13.8
1756.09.09	18:40	00:40	51.8	14.3
1757.09.27	17:49	23:51	52.2	13.5
1758.09.16	17:40	23:19	44.0	13.5
1759.10.05	17:17	23:12	50.1	13.8
1760.09.23	17:15	22:48	42.7	13.6
1761.09.13	17:53	23:26	42.7	14.2
1762.10.02	17:25	23:27	53.2	14.2
1763.09.22	18:01	00:08	55.5	14.5
1764.09.10	18:13	00:09	51.1	13.8
1765.09.29	17:36	00:04	62.3	13.9
1766.09.18	17:35	23:44	55.3	13.7
1767.10.07	16:58	23:33	64.2	14.0
1768.09.25	16:50	23:01	55.7	14.0
1769.09.14	16:49	22:41	49.1	13.7
1770.10.03	16:30	22:44	56.8	13.8
1771.09.23	17:17	23:28	56.2	14.2
1772.09.12	18:06	00:15	55.3	14.5
1773.10.01	18:02	00:26	60.5	14.5
1774.09.20	18:12	00:21	57.1	14.0
1775.09.09	18:08	23:57	47.2	13.9
1776.09.27	17:50	23:52	52.0	14.2
1777.09.16	17:42	23:20	43.9	14.1
1778.10.05	17:21	23:13	51.0	14.3
1779.09.24	17:29	23:09	45.3	13.8
1780.09.13	18:10	23:52	46.4	14.2
1781.10.02	17:39	23:53	57.7	14.1
1782.09.21	17:50	23:52	53.4	13.5
1783.09.11	18:19	00:24	54.1	14.2
(1784.09.29	17:40	00:15	64.7	14.4)

中秋の名月における、月の出の時刻・南中時刻・南中時高度・正午月齢

（於：京都市下京区、1716–84年）

年月日	月の出の時刻	南中時刻	南中時高度	正午月齢
1716.09.30	16:55	23:06	55.5	14.3
1717.09.19	17:05	22:59	50.0	13.8
1718.09.09	17:55	23:45	48.3	14.1
1719.09.28	17:51	23:56	53.8	14.1
1720.09.17	18:38	00:42	53.1	14.5
1721.10.05	17:49	23:59	55.3	13.6
1722.09.25	18:21	00:28	54.2	14.4
1723.09.14	18:13	23:56	45.8	14.4
1724.10.01	17:08	22:54	45.6	13.7
1725.09.21	17:38	23:23	47.3	14.4
1726.09.10	17:46	23:17	42.4	13.8
1727.09.29	17:13	23:17	54.2	13.8
1728.09.18	17:49	23:59	56.2	14.1
1729.10.07	17:18	24:00	67.0	14.1
1730.09.26	17:24	23:50	61.2	13.7
1731.09.45	17:19	23:23	53.4	13.6
1732.10.03	16:49	23:15	60.5	13.9
1733.09.22	16:43	22:45	52.6	13.8
1734.09.12	17:21	23:20	51.2	14.4
1735.10.01	17:12	23:26	56.7	14.5
1736.09.19	17:30	23:29	51.5	13.8
1737.09.09	18:21	00:16	50.3	14.1
1738.09.28	18:13	00:24	56.0	14.1
1739.09.17	18:17	00:11	49.6	13.8
1740.10.05	17:54	00:07	56.4	14.1
1741.09.24	17:45	23:34	47.9	14.1
1742.09.13	17:41	23:07	40.4	13.9
1743.10.02	17:13	23:05	49.6	14.1
1744.09.21	17:48	23:42	50.8	14.5
1745.09.10	18:01	23:45	46.9	13.8
1746.09.29	17:27	23:43	58.7	13.8
1747.09.19	18:00	00:22	60.1	14.2
1748.10.07	17:30	00:20	69.4	14.4
1749.09.26	17:26	23:55	62.1	14.3

時刻と、正中する時刻とのあいだにはずれが生ずる。ただし、この効果による最高高度のずれは、本書の論では無視できるほど、微小である。たとえば、ソフトを動かすことで、中秋の名月を数例調べてみたところ、もっとも高くなったのは、南中時の二分〜四分ほどあとであり、この効果によるずれは、高度にして百分の一度以下であった)。

大坂の毛馬で生れたあと、蕪村は各地を転々としたが、そのつど場所を変えてしまえば、中秋の名月の高さの比較に役立たない。そのため、蕪村が終焉の地である下京に生涯住み続けたかのように扱った。

なお、辞世の句「しら梅に明る夜ばかりとなりにけり」を詠んだあと、ついに見ることがなかった一七八四年の名月についても、参考のため、記載してある。

付録（Ⅱ）月の高度の一八・六年周期

――〈芭蕉が明石・須磨で見たのはどのような月であったか〉との関連で――

月は、満ち欠けのサイクルのなかで日毎にそのコースの高さを変化させている。その変化の様子については〈年間をつうじて月の高度はどのように推移するか〉でのべた。これは、一年というスパンでの説明であった。

この**付録（Ⅱ）**は、たいして、年を跨いだ、もう少し長いスパンでの月の高度の変化についての補足である。

第三章第一節では、月の低さに注目した。その際、低い月がことさらに低くなる年と、さほど低くならない年があり、芭蕉が明石・須磨で月を見たのは、低くなる時期であった、とした。なお、低い月がとりわけ低くなる時期には、高い月のほうもことさらに高くなる、つまり、変化の幅が大となる。

月は、その変化の幅そのものを一八・六年周期で変化させている。各々のサイクルのなかでの最高高度の最大値および最小値を、その周期で変化させている。

地上から見たときの太陽のとおり道――黄道――と、月のとおり道――白道――については、本書でもすでに第三章第一節でのべている。また、黄道と白道が、互いをちょうど二分割するというふうに、五度ほどねじれながら、二箇所で交わっており、その交点が、毎年少しずつ動き、一八・六年をかけて、月が動く向きとは反対方向に、黄道上を一周するということ、このねじれのために月は、この周期で、約五度の範囲内で太陽よりも高くなったり低くなったりすることについてものべてある。

月の一八・六年周期について、ここで改めて、天文学者渡部潤一の解説に耳を傾けよう。少々長くなるが、引用させていただく。

〔…〕月が黄道から北にもっとも離れる場所、あるいは南に離れる場所は、一八・六年ごとに黄道をぐるっと回ることになる。黄道そのものも天の赤道（地球の赤道を天球にまで延長したもの）に対して約二三度ほど傾いているため、たとえば月が黄道からもっとも北寄りに離れる場所が、黄道がもっとも北寄りになる場所と同じ方向になるタイミングでは、地球から見た月の位置はもっとも北寄りとなる。赤道からの角度は、黄道が離れる角度二三度＋白道が黄道から離れる角度五度の合計となり、天の赤道から二八度も北となる。白道と黄道がこのような関係になるときには、同じく月が黄道から南に離れる場所は、黄道がもっとも南寄りになる場所と同じ方向になるため、そこでは月は赤道から二八度も南寄りに位置する。

二〇〇六年は、ちょうどこの状況になっていて、この年の六月にはもっとも南の地平線に近い満月となった。二〇〇六年六月一一日の夜中、月はへびつかい座の方向で赤道から二九度ほど南にあったが、その九年前の一九九七年六月二〇日の満月は、いて座の方向にあって赤道から南に一九度しかずれていない。すなわち、一九九七年六月の満月と比べると、二〇〇六年の満月が真南に来たときの地平線からの高さは、一〇度も低いことになる。たとえば北緯三五度の東京で月を眺めた場合、一九九七年には高度が三六度あったのが、二〇〇六年にはその高さが二六度しかない、ということになる[1]。

前半は、月の一八・六年周期が生ずるメカニズムについての過不足のない、明快な解説であり、後半期は、二〇〇六年という、そのピークについての言及である。ただし、天の赤道という天文学用語に慣れていなければ、困惑した読者もいるかもしれない。

そこで、天の赤道を基準とした角度でなく、地上からの仰角という立場から、補足させていただきたい。北緯三五度（東京）で真南を眺めた場合、天の赤道は、五五度（九〇度マイナス三五度）の高さに達している。五五度は、春分・秋分のときに太陽がとおる道（黄道）の最高高度に相当している。夏至には、太陽は、これに、地軸の傾き二三度をプラスして七八度の高さになる。冬至には、二三度をマイナスして三二度まで低くなる。ところで、夏の満月は、冬の太陽であった。それで、六月の満月は、三二度ほどまで低くなる（端数を切り捨ててきたために、その効果を復元して、三二度をここで三一度に変更する)。さて、その三一度が、月の一八・六年周期の動きにより、ときにはマイナス五度で二六度となり、ときにはプラス五度で三六度となる。以上を理解していただけたなら、今度は、天の赤道を基準とした考え方に戻っていただきたい。ちなみに、「天の赤道(五五度)から二九度ほど(二三度プラス五度、端数切り捨てのため一度の差あり)南」とは、仰角でいえば、二六度(五五マイナス二九)であり、「赤道から南に一九度」とは三六度(五五マイナス一九)のことである。

さて、「二〇〇六年は、ちょうどこの状況になっていて、この年の六月にはもっとも南の地平線に近い満月となった」という、渡部潤一の指摘は、一八・六年で変化しているサイクルのピークはどこかを考えるうえで、重要なヒントとなっている(なお、宇宙には高いも低いもないので、そのような表現になっているのだが、「もっとも南の地平線に近い満月」とは、北半球中緯度の東京でいえば、「もっとも低い満月」のこと、また、引用文中の、月が(黄道から)「南にもっとも離れる」も「もっとも低くなる」ことに相当する)。

二〇〇六年こそは、一八・六年周期のピークの年に当たっているようである。ただし、二〇〇六年の何月かということについては、月の動きの微妙なふらつきのため、突きとめにくい。

つまりこういうことである。二〇〇六年を中心に、月の「最南」(赤緯がマイナス方向にもっとも大きくなる)と月の「最北」(赤緯がプラス方向にもっとも大きくなる)をソフトで調べたところ、ピークらしきものが六月あたりのまえとうしろの、二箇所にでてくる。そのため、何をもって、いわゆるピークであるのかを決しがたい。

最北・最南における赤緯の分布から、ピークは二〇〇六年にあると推測される。そこで、ピークは、二〇〇六年の中頃、たとえば、仮に、二〇〇六年六月にあるとしておきたい（なお、二〇〇六年六月の満月がもっとも低くなるというのは、このあたりにピークがあることの一つの現われではあるが、即、六月がピークであることを意味するものでないことは理解されよう）。

芭蕉の紀行文との関連でいえば、二〇〇六年六月を出発点に、一八・六年を整数回分だけ引いていくと、計算上では、ピークは、一六九〇年四月あたりとなる。このとき、概数一八・六年を何十倍かすることで誤差が生じるという心配は、詳しい数値も一八・五九九二年[2]と一八・六年にごく近いから、まったくない。ただ、データは提示しないが、ここでも、ピークが二つにわかれる傾向がみられた。

この程度の精度でよい、見当をつけるだけでよいというのなら、月が極端に高くなったり低くなったりする周期のピークは、ほぼ、つぎのとおりである。

二〇九九年六月、二〇八〇年十月・十一月、二〇六二年四月、二〇四三年七月・八月、二〇二五年一月、二〇〇六年六月、一九八七年十月・十一月、一九六八年四月、一九五〇年七月・八月、一九三一年一月、一九一三年六月、一八九四年十月・十一月、一八七六年四月、一八五七年七月・八月、一八三九年一月、一八二〇年六月、一八〇一年十月・十一月、一七八三年四月、一七六四年七月・八月、一七四六年一月、一七二七年六月、一七〇八年十月・十一月、一六九〇年四月、一六七一年七月・八月、一六五三年一月、一六三四年六月、一六一五年十月・十一月、一五九七年四月（…）

以上の月（マンス）を含む年、およびその年を含む数年間、月（ムーン）は、幅広くピークとしての傾向を示す、というぐらいにとらえていただきたい。すなわち、その数年間、夏至のころの満月は極端に低くなる（見えないのだがまたそのころの朔月は極端に高い）。冬至のころの満月は極端に高くなる（見えないもののそのころの朔月は極端に低い）。満月だけではない。春分のころの上弦の月は極端に高く下弦は極めて低い。秋分のころには、下弦が極めて高くなり、上弦はごく低くなる。本書第四章第三節を参考にしていただければ、この四つの季節のあいだにある月（マンス）についても、それぞれ、極端に高くなったり低くなったりする月相を推し当てることは容易であろう。

（1）渡部潤一編著『最新・月の科学』（渡部潤一担当分）、日本放送出版協会、二〇〇八年、三八～三九頁。

（2）対恒星交点逆行周期は、六七九三・四七七日（『理科年表』二〇二三年版、八二頁）である。年に換算すると、一八・五九九九二年。

ラ　行

ワ　行

タ 行

ナ 行

ハ 行

マ 行

ヤ 行

人名索引

はじめに・本文・注（一部）・おわりに・付録から採った

ア 行

カ 行

サ 行

著者紹介

津川廣行（つがわ・ひろゆき）
1951 年　青森市に生れる
1974 年 3 月　東北大学理学部卒業（物理学）
1982 年 3 月　関西大学大学院文学研究科博士課程修了（フランス文学）
1991 年 4 月～ 2017 年 3 月　大阪市立大学講師、助教授、教授（フランス語・フランス文学）
2017 年 4 月　大阪市立大学名誉教授

低《ひく》い月《つき》、高《たか》い月《つき》——月《つき》の文学《ぶんがく》、物理《ぶつり》の月《つき》

2023年 9 月30日　初版第 1 刷発行©

著　者　津　川　廣　行
発行者　藤　原　良　雄
発行所　株式会社　藤　原　書　店
〒 162-0041　東京都新宿区早稲田鶴巻町 523
電　話　03（5272）0301
FAX　03（5272）0450
振　替　00160 - 4 - 17013
info@fujiwara-shoten.co.jp
印刷・製本　中央精版印刷

落丁本・乱丁本はお取替えいたします
定価はカバーに表示してあります

Printed in Japan
ISBN978-4-86578-399-5

「存在者　金子兜太」の思想を継承する総合誌

雑誌 兜太 *Tota*

Ａ５並製　各1200～1800円

〈編集主幹〉黒田杏子　〈編集長〉筑紫磐井　〈名誉顧問〉金子兜太
〈編集委員〉井口時男／坂本宮尾／橋本榮治／横澤放川／藤原良雄
〈編集顧問〉瀬戸内寂聴／ドナルド・キーン／芳賀徹／藤原作弥
写真＝黒田勝雄　カット＝池内紀・中原道夫

(1919-2018)

戦後俳句界の重要な現場に常に立ち会ってきた金子兜太氏。その精神と肉体の融合が結晶する「存在者」の思想を継承し、俳句界を超えて広く文芸・文化・思想関係の方々の参加による「総合誌」、全４号。

「私が俳句」と言い切ったその生涯

兜太 *Vol.1*

〈特集〉一九一九　私が俳句

創刊の辞　黒田杏子／筑紫磐井
瀬戸内寂聴／ドナルド・キーン／芳賀徹／藤原作弥
兜太の句、兜太のことば
兜太レクイエム　佐佐木幸綱／関悦史／長谷川櫂／宮坂静生／金子眞土
兜太追悼歌仙　爆心地の巻
宮坂静生・黒田杏花(杏子)・長谷川櫂
金子兜太氏　生インタビュー(1)
〈聞き手〉黒田杏子・井口時男・坂本宮尾・筑紫磐井
〈寄稿〉筑紫磐井／井口時男／下重暁子／藤原作弥／澤地久枝／橋本榮治／横澤放川／中嶋鬼谷／坂本宮尾／高山れおな／夏井いつき／窪島誠一郎／Ａ・フリードマン　中野利子訳／マブソン青眼／伊東乾／宮崎斗士

カラー口絵八頁
Ａ５並製　二〇〇頁　**二二〇〇円**
(二〇一八年九月刊)
◇978-4-86578-190-8

「存在者」九八年の秘訣

兜太 *Vol.2*

〈特集〉現役大往生

〈寄稿〉金子兜太／瀬戸内寂聴／小泉武夫／黒田杏子／宮坂静生／坂本宮尾／橋本榮治／横澤放川／夏井いつき
金子兜太氏　生インタビュー(2)
〈聞き手〉黒田杏子・井口時男・坂本宮尾・筑紫磐井
〈創刊記念イベント〉
１　兜太を語り　TOTAと生きる
芳賀徹／下重暁子／上野千鶴子／いとうせいこう／黒田杏子／河邑厚徳／マブソン青眼／細谷亮太／神野紗希／宮坂静生／澤地久枝／加古陽治／西村我尼吾
２　兜太と未来俳句のための研究フォーラム
筑紫磐井／木村聡雄／高山れおな／関悦史／柳生正名／江田浩司／福田若之
寄稿論文　筑紫磐井／井口時男
兜太俳壇
兜太百句(自筆)

カラー口絵八頁
Ａ５並製　一九二頁　**一八〇〇円**
(二〇一九年三月刊)
◇978-4-86578-216-5

生誕百年！　世界のなかの「俳句」とは

兜太 *Vol.3*

〈特集〉キーンと兜太——俳句の国際性

〈寄稿〉キーン誠己／いせひでこ／ジャニーン・バイチマン／福島泰樹／古川日出男／細谷亮太／吉田眞理／黒田杏子／橋本榮治／坂本宮尾
〈鼎談〉金子兜太＋ドナルド・キーン＋キーン誠己
〈講演〉ドナルド・キーン
キーンさんの訳した「平和の俳句」
〈フォーラム〉木内徹＋董振華＋堀田季何＋木村聡雄
金子兜太一周忌
〈座談会〉嵐山光三郎＋黒田杏子＋下重暁子＋河邑厚徳
金子兜太氏　生インタビュー(3)
〈聞き手〉横澤放川／黒田杏子ほか　筑紫磐井編
〈寄稿〉藤原作弥
「海程」創刊と兜太　筑紫磐井編／酒井弘司／関悦史
連載　井口時男／横澤放川
兜太俳壇

カラー口絵八頁
Ａ５並製　二〇〇頁　**一八〇〇円**
(二〇一九年九月刊)
◇978-4-86578-240-0

従来の〝久女伝説〟を覆す、渾身の評伝

真実の久女

〈悲劇の天才俳人 1890–1946〉

坂本宮尾

高浜虚子の『ホトトギス』同人除名問題などから、根拠のない〝伝説〟が横行していた悲劇の人、杉田久女。その実像に、多くの秀れた俳句を丁寧に鑑賞しつつ、初めて迫る。俳人協会評論賞受賞作に、その後発見された新資料をふまえ加筆された決定版！

カラー口絵四頁

四六上製　三九二頁　**三二〇〇円**
（二〇一六年九月刊）
◇978-4-86578-082-6

初の本格的評伝

竹下しづの女

〈理性と母性の俳人 1887–1951〉

坂本宮尾

「「女人高邁芝青きゆゑ蟹は紅く」（しづの女）――それまでの女流俳句の通念を見事に打ち破った勁利な美質に、私はおどろき、たちどころにしづの女俳句のファンになったものだ」（金子兜太）。職業婦人の先駆けであり、金子兜太、瀬田貞二らを輩出した「成層圏」誌の指導者であった生涯をたどり、難解で知られる俳句を丁寧に鑑賞。

カラー口絵四頁

四六上製　四〇〇頁　**三六〇〇円**
（二〇一八年六月刊）
◇978-4-86578-173-1

薄明の峡に詩魂を抱いて生きた、天性の俳人

峡《かい》に忍ぶ

〈秩父の女流俳人、馬場移公子《いくこ》〉

中嶋鬼谷＝編著
序＝金子兜太　跋＝黒田杏子

「意志強く思念純粋な詩美と、清潔感」（金子兜太）。水原秋桜子、石田波郷、桂信子らに高く評価されながら、俳壇の表に出ることを厭い、秩父の「峡」に生きたその七五年の生涯を徹底的に調べ尽くし、句や随筆等の作品を網羅した労作。

口絵四頁

四六上製　三八四頁　**三八〇〇円**
（二〇一三年五月刊）
在庫僅少◇978-4-89434-913-1

〈言葉―イメージ―音〉が炸裂する！

心に刺青をするように

吉増剛造

前衛詩人が、〈言葉―イメージ―音〉の錯綜するさまざまな聲を全身で受けとめ、新しい詩的世界に果敢に挑戦！奄美、ソウル、ブラジル等への旅、また小津安二郎、ベケット、イリイチらとの出会いに折りたたまれた〝声〟を渾身の力で浮かびあがらせた、類稀な作品集。

著者撮影写真多数

A５変上製　三〇八頁　**四二〇〇円**
（二〇一六年五月刊）
◇978-4-86578-069-7

この十年に綴った最新の「新生」詩論

生《せい》光《こう》

辻井 喬

「昭和史」を長篇詩で書きえた『わたつみ 三部作』（一九九二〜九九年）を自ら解説する「詩が滅びる時」。二〇〇五年、韓国の大詩人・高銀との出会いの衝撃を受けて、自身の詩・詩論が変わってゆく実感を綴る「高銀問題の重み」。近・現代詩、俳句・短歌をめぐってのエッセイ――詩人・辻井喬の詩作の道程、最新詩論の画期的集成。

四六上製 二八八頁 **二〇〇〇円**（二〇一一年二月刊）◇978-4-89434-787-8

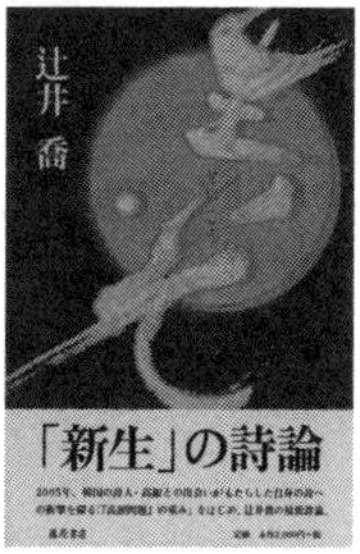

「景と心はひとつ」

和歌と日本語

（万葉集から新古今集まで）

篠田治美

日本語には、〝自然と人間が一体としてある〟という認識が、奥ふかく織りこまれている――和歌を通して、大自然の律動を聞き、積み重ねられた歴史を受けとめる、日本の生のありようを綴る。

四六変上製 二四八頁 **二四〇〇円**（二〇一一年一二月刊）◇978-4-89434-886-8

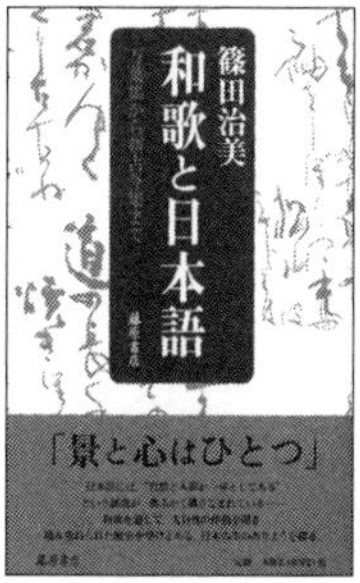

詩という希望へ

闇より黒い光のうたを

（十五人の詩獣たち）

河津聖恵

尹東柱、ツェラン、ロルカ、リルケ、石川啄木、立原道造、小林多喜二、宮沢賢治、原民喜、石原吉郎……近現代の暗い時空にあらがい、爪を立て、牙を剥かずにはおれなかった「詩獣」たちの叫びに、薄闇の現代を生きる気鋭の詩人が深く共振した、詩論／詩人論の集成。

四六変上製 二四〇頁 **二五〇〇円**（二〇一五年一月刊）◇978-4-86578-010-9

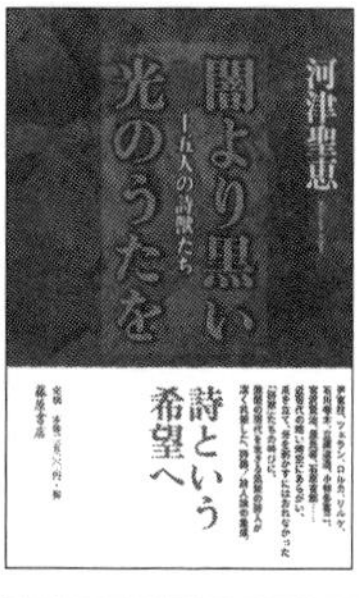

「詩」は死んだのか？

詩の根源へ

飯塚数人

「詩」をめぐるイメージが、〝難解〟〝純粋〟な現代詩と、詩と似て非なる「ポエム」に二極化されたかに見える現在、中国古典・生物学・人類学・考古学の知見を横断して、詩の〝根源〟に迫る野心作。音楽と言語が渾然となった「詩」の発生に立ちかえり、自然との一体化・共生の回路がそこに開かれることを跡づけ、詩の魔術的な力の再生への方途を探る。

第10回「河上肇賞」奨励賞受賞

四六上製 二九六頁 **二八〇〇円**（二〇一八年二月刊）◇978-4-86578-166-3